Kant · Alfred Nobel

175 JAHRE TEUBNERBÜCHER
LEIPZIG
1811-1986

1 Alfred Nobel (21. 10. 1833–10. 12. 1896) um 1880

Biographien
hervorragender Naturwissenschaftler,
Techniker und Mediziner

Band 63

Alfred Nobel

Dr. Horst Kant, Berlin

2., ergänzte Auflage

Mit 19 Abbildungen
sowie einem Anhang:
Einige Betrachtungen zum Nobelpreis

LEIPZIG

Springer Fachmedien Wiesbaden GmbH

Herausgegeben von
D. Goetz (Potsdam), I. Jahn (Berlin), E. Wächtler (Freiberg),
H. Wußing (Leipzig)
Verantwortlicher Herausgeber: H. Wußing

Kant, Horst:
Alfred Nobel. – 2. Aufl. –
Leipzig: BSB Springer Fachmedien Wiesbaden, 1986. –
128 S.: 19 Abb. –
(Biogr. hervorrag. Nat.wiss. Techn. Med., Bd. 63)

ISSN 0232—3516

ISBN 978-3-322-00331-7 ISBN 978-3-663-05886-1 (eBook)
DOI 10.1007/978-3-663-05886-1

Ursprünglich erschienen bei BSB B. G. Teubner Verlagsgesellschaft, Leipzig 1983.

2. Auflage
VLN 294—375/93/86 · LSV 3008
Lektor: Dr. Hans Dietrich

Satz: VEB Druckerei „Gottfried Wilhelm Leibniz", 4450 Gräfenhainichen

Bestell-Nr. 666 1525

00680

Vorwort

Nobel – ein Name, der fast jedem Menschen geläufig ist im Zusammenhang mit dem Sprengstoff Dynamit, aber vor allem durch die von ihm gestifteten, alljährlich am 10. Dezember, seinem Todestag, verliehenen Preise. Die Nobelpreise gehören zu den wenn auch immer wieder umstrittenen, so doch begehrtesten Preisen in den Naturwissenschaften, der Literatur und Politik, nicht so sehr wegen der damit verbundenen finanziellen Zuwendungen, sondern vor allem wegen des gesellschaftlichen Ansehens, das die Laureaten erlangen.

Hinter den Preisen sollte aber nicht die Person Alfred Nobels vergessen werden, nicht nur, weil er als Stifter eine gewisse Aufmerksamkeit verdient, sondern vor allem, weil er in vielem ein typischer Vertreter jener Erfinder- und Unternehmergeneration des 19. Jahrhunderts ist, die mit ihrer Arbeit einen wichtigen Grundstein für die Entwicklung des Monopolkapitalismus gelegt, dabei aber im gesamthistorischen Prozeß eine durchaus positive Rolle gespielt hat.

In romanhaften Umschreibungen wurde Nobel als „Der einsamste Millionär" oder als „Der Mann, den niemand kannte" bezeichnet, sicher nur sehr einseitige Charakterisierungen. Tatsächlich lebte er recht zurückgezogen von der gesellschaftlichen Öffentlichkeit. Hier sollen dem Leser Leben und Persönlichkeit des Chemieingenieurs und Unternehmers Nobel etwas näher gebracht werden, als dies aus seinem einzigen selbstverfaßten Lebenslauf möglich ist, den er 1893 anläßlich der Verleihung der Ehrendoktorwürde durch die Universität Uppsala einreichen mußte:

Unterzeichneter ist am 21. Oktober 1833 geboren, hat sich seine Kenntnisse im Privatunterricht erworben, ohne eine höhere Schule durchzumachen; er hat sich besonders auf dem Gebiet der angewandten Chemie betätigt durch Ausarbeitung von Sprengstoffen, die unter dem Namen Dynamit, Sprenggummi und rauchloses Pulver, Ballistit und C 89 genannt, bekannt sind. Ist seit 1884 Mitglied der Königlich Schwedischen Akademie der Wissenschaften, ferner Mitglied der Royal Institution in London und der Société des Ingénieurs Civils in Paris. Ist seit 1880 Ritter des Nordstjärneordens.

Hat den Offiziersrang der Ehrenlegion. Gedruckt herausgegeben: nur ein Vortrag in englischer Sprache, der mit einer silbernen Medaille belohnt wurde.

Steht in dieser Biographie auch die Darstellung der wissenschaftlich-technischen Leistungen Nobels im Vordergrund, so sollen für das Verständnis seiner komplizierten Persönlichkeit doch auch einige Episoden seines Privatlebens näher beleuchtet werden. Zugleich ist der Verfasser der Auffassung, daß der Leser einer Nobel-Biographie auch einige Ausführungen zu Geschichte, Hintergründen, Auswahlpraxis usw. der Nobelpreise erwartet. In einem Anhang wird deshalb versucht – abweichend von der bisherigen Praxis dieser Biographienreihe – einen knappen Überblick zu diesen Fragen zu geben. Auf eine Liste aller Nobelpreisträger muß aus Platzgründen allerdings verzichtet werden.
Ich danke einer Reihe von Kollegen für Hinweise und meiner Frau für das Schreiben des Manuskriptes.

Berlin, November 1981 Horst Kant

Zur 2. Auflage

Neben einigen kleineren Korrekturen wurden die Angaben im Anhang zu den Nobelpreisen auf den gegenwärtigen Stand gebracht. Herrn Dr. W. Strube danke ich dafür, daß er mir die Stellen aus den Briefen von A. Nobel an S. Hess (S. 76), die in der 1. Auflage nach [9] zitiert wurden, im deutschen Original zur Verfügung stellte, und der Nobel Foundation Stockholm gebührt Dank für weitere Materialien.

Berlin, April 1985 Horst Kant

Inhalt

Familie und Jugendjahre

Die Vorfahren und die Eltern Alfred Nobels

Der Name Nobel – mit Betonung auf der zweiten Silbe – ist echt schwedischen Ursprungs, eine Abkürzung der latinisierten Form Nobelius, die ihrerseits von der Gemeinde Nöbbelöv in der Provinz Schonen (schwedisch: Skåne) in Südschweden, aus der die Familie stammt, abgeleitet wurde. Aus dem in Tafel 1 angegebenen Stammbaum ist ersichtlich, daß sich die Familie bis ins 17. Jahrhundert zurückverfolgen läßt.

Wenn man in der Familie Nobel offenbar wenig Interesse für Ahnenforschung hatte und auch Alfred Nobel einmal an seinen Bruder Ludwig schrieb: „Ich frage mich allen Ernstes, wer wohl soviel Zeit aufbringen könnte, eine Lebensgeschichte zu lesen oder sich damit zu befassen“, so scheint man sich doch ab und an auf den wohl bedeutendsten Vorfahren Olof Rudbeck berufen und auch das Genie Alfred Nobels mit ihm in Zusammenhang gebracht zu haben.

Olof Rudbeck war ein ziemlich universeller Gelehrter und gilt als Begründer der modernen schwedischen Wissenschaft. Seine bedeutendste Entdeckung ist das Lymphsystem (1653); er legte den ersten botanischen Garten Schwedens an, befaßte sich u. a. mit Astronomie, Mathematik, Physik, Chemie, Architektur, Pyrotechnik. Mehrere Jahre war er Rektor der Universität Uppsala (gegründet 1477) und leitete hier für den Wissenschaftsbetrieb wesentliche Reformen ein. Sein umfangreiches historisch-archäologisches Werk „Atlantica“ (1679–1702), das in dem Versuch gipfelte, Schweden als Urheimat der menschlichen Kultur zu begründen, war für das damalige Großmachtstreben Schwedens ein wichtiger ideologischer Grundpfeiler.

Um die Mitte des 17. Jahrhunderts hatte Schweden eine politische, ökonomische und kulturelle Blüte erreicht, wesentlich geprägt durch den ideologischen Einfluß des Renaissance-Denkens. Diese Großmachtstellung Schwedens wurde Ende des 17. Jahrhunderts durch mehrere Kriege stark erschüttert, in deren Folge die absolute Monarchie ihren politischen Einfluß verlor und der Reichstag

Tafel 1: Aus dem Stammbaum der Familie Nobel

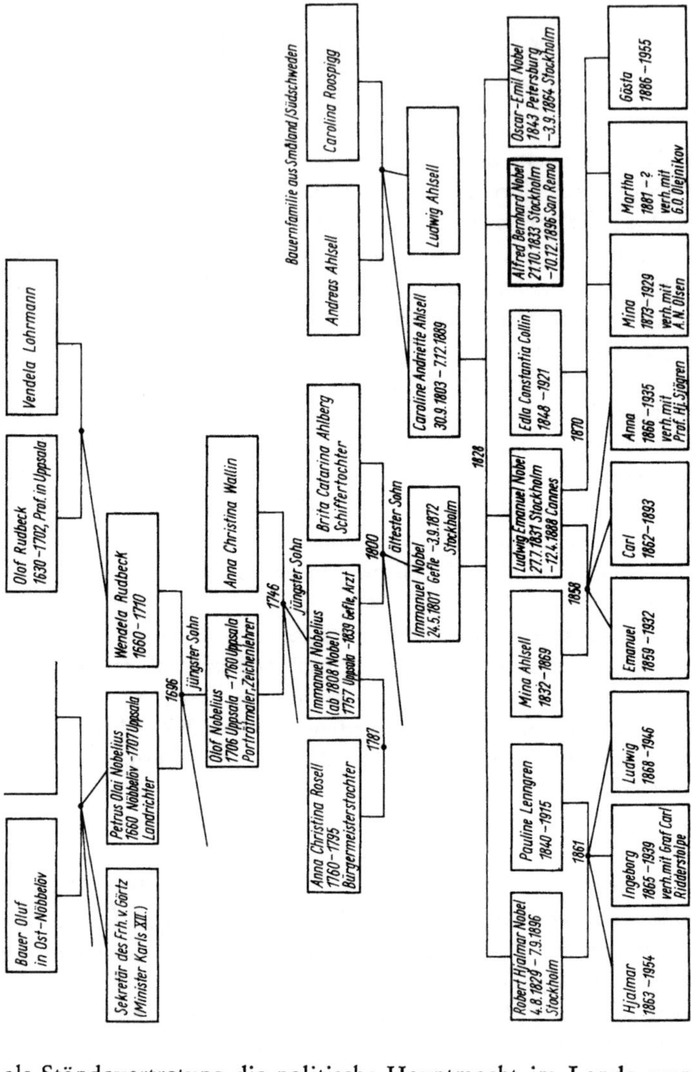

als Ständevertretung die politische Hauptmacht im Lande wurde. Parteienkämpfe im Reichstag nutzte König Gustav III. aus, das Königtum Ende des 18. Jahrhunderts wieder zu stärken. Im Sinne des „aufgeklärten“ Absolutismus führte er eine Reihe von Refor-

men durch und förderte Kunst und Wissenschaft (Carl von Linné und Anders Celsius wirkten in dieser Zeit).
Im russisch-schwedischen Krieg von 1808/09 (der als Arzt teilnehmende Immanuel Nobelius änderte damals seinen Namen in Nobel, da im Heer lateinische Namensformen nicht üblich waren) verlor Schweden die finnischen Gebiete an Rußland. 1810 übernahm der französische Marschall Bernadotte (von 1818–1844 als König Karl XIV. Johan) den schwedischen Thron. An einigen Aktionen der Befreiungskriege waren schwedische Truppen ebenfalls beteiligt; im Ergebnis der Friedensverhandlungen mußte Dänemark Norwegen an Schweden abtreten (beide Länder bildeten bis 1905 eine Staatsunion).
In den dreißiger und vierziger Jahren des 19. Jahrhunderts begann in Schweden eine verstärkte Industrialisierung, es entstand kapitalistisches Unternehmertum, das sich im Reichstag zur liberalen Opposition zusammenfand. Vorwiegend wurde jedoch in handwerklichen Kleinbetrieben produziert; im Jahre 1830 zählte Schweden 1857 Fabrikunternehmen mit ungefähr 12 000 Arbeitern. Etwa vier Fünftel des Wertes der hergestellten Waren entfielen auf Textil-, Zucker-, Tabak- und Papierfabriken. Der Einfluß der revolutionären Ereignisse in Europa unterstützte die Bestrebungen der Liberalen nach Gewerbefreiheit, die 1846 eingeführt wurde. Fehlende Großbetriebe förderten die Entstehung eines zahlenmäßig starken Landproletariats, das wegen des Mangels an Arbeitsplätzen um die Mitte des Jahrhunderts verstärkt in die USA auswanderte.
Auf diesem politisch-ökonomischen Hintergrund versuchte der geschickte Erfinder Immanuel Nobel d. J. sein unternehmerisches Glück. Am 24. März 1801 in der Handels- und Hafenstadt Gävle (nördlich von Stockholm) geboren, hat der begabte Jüngling nie eine richtige Schulbildung genossen. Nach einem dreijährigen Seefahrerleben befaßte er sich ab 1818 mit dem Studium der Baukunst in Gävle und später an Stockholms Kunstakademie, wobei er eine Reihe von Preisen, aber keinen Abschluß erlangte. Er erhielt Gelegenheit, Häuser und Brücken zu konstruieren. Aber seine Ideen beschränkten sich nicht nur auf die Architektur. Er entwarf Werkzeugmaschinen und erhielt 1828 u. a. ein Patent für ein mechanisches Triebwerk.
Der relativ erfolgreiche junge Bauunternehmer Immanuel Nobel

heiratete 1827 Caroline Andriette Ahlsell, und diese Ehe muß als äußerst glücklich bezeichnet werden, obwohl sich die häuslichen Bedingungen nicht immer günstig gestalteten. Die intelligente

2 Die Eltern Alfred Nobels
a) Immanuel Nobel d. J. [25]
b) Caroline Andriette Nobel (aufgenommen um 1850 in Petersburg) [19]

Frau war im Charakter das genaue Gegenteil ihres temperamentvollen, bestimmenden, rechthaberischen und aufbrausenden Ehemannes; nie verlor sie ihren Humor und war stets der ruhende Pol der Familie.

Ihre Geduld und Nachsichtigkeit – sogar ihr Vertrauen in ihren Gatten – wurden in jenen ersten Jahren der Ehe wahrlich geprüft, als sich ein Traum Immanuels nach dem anderen in Alpträume verwandelte ... [30, S. 2]

Geschäftliche Mißerfolge und eine Brandkatastrophe bewirkten, daß Immanuels Unternehmen 1833 in Konkurs ging. Trotz dieser Rückschläge begann er sich in dieser Zeit mit chemischen Experimenten zu befassen und gründete 1835 Schwedens erste Gummifabrik. Beachtlich sind die in diesem Zusammenhang gemachten Erfindungen, so z. B. ein kombinierter Tornister für Soldaten, der als Matratze, Schwimmweste und Schlauchboot dienen konnte. Erfolg war dem Unternehmen jedoch nicht beschieden, und 1837 konnte er sich den Gläubigern nur entziehen, indem er Heimat und Familie verließ. Zunächst versuchte er sein Glück in Finnland, aber Anfang 1840 ist er im zaristischen Rußland, in St. Petersburg, zu finden.

Nobels Schwager Ludwig Ahlsell hatte die Gläubiger in Stockholm soweit befriedigen können, daß der zurückgebliebenen Nobel-Familie keine weiteren Sanktionen drohten. Mit einem kleinen Milch- und Gemüsegeschäft versuchte Frau Andriette Nobel, sich und ihren Kindern ein Auskommen zu sichern.

Noch in Schweden hatte Immanuel Nobel eine pulvergeladene Sprengmine erfunden, die zu Lande und zu Wasser eingesetzt werden konnte. In seiner Heimat war diese Erfindung aber auf kein Interesse gestoßen. In Petersburg jedoch konnte er die Militärs dafür interessieren. Bald nach seiner Ankunft hatte Nobel die Bekanntschaft des Generals und Kriegsingenieurs Karl Andrejewitsch Schilder und des Physikers und Elektrotechnikers Prof. Moritz Hermann v. Jacobi gemacht, die im Auftrage der russischen Marine an Unterwasserminen arbeiteten, und denen er am Petrovski-Fluß seine Minen erfolgreich vorführte. Die weitere Förderung dieser Arbeiten verdankte er unter anderem dem glücklichen Umstand, daß 1841 ein Versuch der russischen Marine gescheitert war, den amerikanischen Erfinder Samuel Colt für solche Entwicklungsarbeiten in Rußland zu gewinnen. Eine Anfang 1842 an Nobel gezahlte Geldprämie von 3 000 Silberrubel ermöglichte es ihm, Teilhaber einer mechanischen Fabrik Ogarev & Nobel, genehmigte Gießerei und Radfabrik zu werden, um dort seine Unterwasserminen weiterzuentwickeln und zu produzieren. Nikolaj Aleksandrovič Ogarev war General in der russischen Armee und besonders am Bergwerksgeschäft interessiert. Es war im damaligen Rußland durchaus üblich, daß sich höhere Beamte und Offiziere mit Verbindungen zum Hofe in geschäftliche Unternehmungen einließen. Ogarev blieb viele Jahre ein Förderer und Fürsprecher Nobels.

Die Industrie Rußlands stand damals zweifellos auf einem noch niedrigeren Niveau als die Schwedens. Zwar hatte auch hier eine kapitalistische Entwicklung eingesetzt, aber das feudale, auf Leibeigenschaft beruhende Wirtschaftssystem stand einer Industrialisierung und damit der Entwicklung der Produktivkräfte im Wege. Zum anderen baute das zaristische Rußland nach dem Wiener Kongreß als „Gendarm Europas" seine Militärmacht aus, die erst im Krimkrieg 1853/56 eine ernsthafte Niederlage erlitt. Die revolutionär-demokratische Entwicklung in den 30er bis 50er Jahren war eng verknüpft mit der kapitalistischen Entwicklung, der sich Rußland, wollte es den europäischen Großmächten ebenbürtig bleiben, nicht länger verschließen konnte.

In einer solchen Situation bestanden für einen tatkräftigen und zielstrebigen Ausländer, wie Nobel es war, durchaus reale Chancen, ein erfolgreiches Unternehmen aufzubauen, noch dazu, wenn er auf dem militärischen Sektor etwas anzubieten hatte, und vorausgesetzt, er verfügte über entsprechende Beziehungen zur korrupten zaristischen Verwaltung. So erlangte Immanuel Nobel in kurzer Zeit eine finanziell gesicherte Position und konnte im Oktober 1842 seine Familie nach Petersburg holen.

Die Jugend Alfred Nobels

Alfred Bernhard Nobel wurde am 21. Oktober 1833 in Stockholm in der damaligen Wohnung seiner Eltern Immanuel und Caroline Andriette Nobel im ersten Stockwerk des Hauses Norrlandsgatan 9 (damals noch ein Viertel am Rande der Stadt) geboren. Er hatte zwei ältere Brüder, Robert Hjalmar (geb. 4. August 1829 in Stockholm) und Ludwig Emanuel (geb. 27. Juli 1831 in Stockholm).

Die Familie befand sich zu dieser Zeit in einer denkbar schlechten finanziellen Situation – Vater Nobel hatte gerade den Bankrott seines Geschäftes erklären müssen.
Alfred Nobel war ein schwächliches und kränkliches Kind. Seine Mutter mußte alle ihre Pflegekunst und Liebe aufwenden, ihn am Leben zu erhalten, und seine ganze Kindheit war davon überschattet, daß er häufig das Zimmer oder gar das Bett hüten mußte und nur selten mit anderen Kindern draußen herumtollen konnte.
Über Kindheit und Jugend Nobels ist sehr wenig bekannt. Wichtig ist deshalb ein erhalten gebliebenes 419zeiliges in Versform und in englischer Sprache geschriebenes autobiographisches Gedicht aus dem Jahre 1851, betitelt „A Riddle" (Ein Rätsel), das uns seine Empfindungen über seinen ersten Lebensabschnitt mitteilt:

Meine Wiege glich einem Totenbette, und jahrelang wachte eine Mutter in ewig angstvoller Sorge, um das zitternde Flämmchen zu hüten, so gering die Hoffnung auch war.

Über seine Kindheit schreibt er darin einige Zeilen später, nun in der 3. Person:

Seine Schwächlichkeit läßt ihn noch immer die kleine Welt, in der er lebt, als fremd empfinden. Bei den Spielen anderer Kinder ist er nur nachdenklicher Zaungast. Ausgeschlossen von den Vergnügungen seiner Altersgenossen brütet so sein Geist über Zukünftigem.

Verständlich, daß sich Alfred Nobel nicht gern an seine Kinderzeit zurückerinnerte. Hinzu kam, daß er praktisch ohne Vater aufwuchs, da Immanuel Nobel, wie erwähnt, 1837 Stockholm verlassen mußte.
Von 1841–1842 besuchte Alfred Nobel die höhere Schule von St. Jakob in Stockholm, an der auch seine Brüder lernten. Von den 82 Schülern des ersten Schuljahres erhielt er das beste Zeugnis, u. a. in „Fassungsgabe" und „Fleiß" ein „A". Dieses eine Jahr Schulunterricht sollte die einzige reguläre Ausbildung bleiben, die Alfred Nobel je erhalten hat.
Im Herbst 1842 folgte die Familie dem Vater nach Petersburg. Das Nobelsche Unternehmen hatte sich hier schnell einen guten Ruf erworben, und die Familie konnte sofort in ein eigenes Haus einziehen. In wenigen Jahren hatte Immanuel Nobel sogar seine alten Schulden in Stockholm vollständig beglichen und war wieder zu Wohlstand gekommen.

Die Söhne erhielten Privatunterricht: teils weil sie anfangs der russischen Sprache nicht mächtig waren, teils weil es in den wohlhabenderen Familien Rußlands so üblich war. Ein weiterer Grund war wohl auch, daß Alfred durch häufige Krankheit am Schulbesuch verhindert war. Trotz ihres unterschiedlichen Alters erhielten die drei Brüder gemeinsamen Unterricht, was als ein Beweis für die hohe Auffassungsgabe von Alfred Nobel gewertet werden kann. Der Vater schätzte seine Söhne in einem Brief vom September 1848 so ein:

Nach meiner Meinung hat Ludwig das meiste Genie, Alfred den größten Fleiß und Robert den meisten Spekulationsgeist mit einer Zähigkeit, die mich ... mehrmals verwundert hat. [25, S. 58]

Im Grunde wird man wohl allen Dreien diese Eigenschaften in hohem Maße zusprechen können.

Der Unterricht dieser Privatlehrer[1] muß sehr gut gewesen sein, denn alle drei Brüder wurden Persönlichkeiten von hervorragender wissenschaftlich-technischer und humanistischer Bildung. Alfred Nobel beherrschte in Wort und Schrift nicht nur Schwedisch und Russisch perfekt, sondern auch Englisch, Deutsch und Französisch. Sein Sprachstudium betrieb er beispielsweise so, daß er seine Lieblingsautoren ins Schwedische übersetzte und dann die Rückübersetzung mit dem Original verglich. In seinen philosophischen Anschauungen wurde er vor allem durch die Lektüre der französischen Aufklärer und Enzyklopädisten wie Voltaire und Diderot beeinflußt, gefärbt durch den romantischen Einfluß seiner Lieblingsdichter George Byron und Percy B. Shelley.

Ein sehr enges Verhältnis zum Vater hat Alfred Nobel in dieser Zeit offenbar nicht gewinnen können. Vermutlich war auch der Vater selbst etwas zurückhaltend, denn in dem kränklichen Knaben konnte der aktive, stets geschäftige und voller Ideen steckende Immanuel Nobel keinen künftigen Partner sehen wie in den beiden

[1] Verschiedene Autoren weisen darauf hin, daß dazu auch der Professor für schwedische Sprache und Geschichte B. Lars Santesson sowie der russische Chemiker Nikolaj Nikolaevič Zinin (dtsch. auch Sinin) gehörten. Man muß aber beachten, daß Zinin bis 1848 Professor in Kasan war und erst danach den Lehrstuhl an der Petersburger Universität übernahm. Sicher dürfte indes sein, daß Nobel nach 1852 mit Zinin bekannt und auch Gast in dessen Laboratorium war.

älteren Brüdern. So blieb Alfred weiterhin vornehmlich unter dem Einfluß der Mutter, die 1843 noch den Sohn Oscar-Emil gebar. Insgesamt hatte die Familie Nobel acht Kinder, aber nur diese vier überlebten.

Immanuel Nobel hatte inzwischen seinen Geschäftspartner Ogarev ausgekauft und in der Straße Malaja Vulfova in geräumigeren Gebäuden die Fonderies et Ateliers Mécaniques Nobel et Fils (Gießerei und Mechanische Werkstätten Nobel & Söhne) gegründet. Mit dem französischen Namen wollte er sich dem auf Westeuropa orientierten Zarenhof anpassen. Ludwig und Robert begannen in der Fabrik mitzuwirken. Das Produktionsprogramm war vielseitig; neben Minen, Gewehren und kleineren Geschützen sei hier nur eine von Immanuel Nobel entwickelte Drehmaschine erwähnt sowie eine – zunächst nicht so erfolgreiche – Heißwasser-Zentralheizung. Mit von ihm konstruierten Schiebefenster-Rahmen wurde beispielsweise die Kasaner Kathedrale auf dem Newski-Prospekt ausgestattet.

Um 1850 betrachtete Immanuel Nobel die Ausbildung seiner Söhne als beendet. Robert und Ludwig traten als Mitarbeiter in die Fabrik ein, Alfred wurde auf Reisen geschickt. Die Familie war sich darin einig, daß er der Talentierteste sei und seine Ausbildung im Ausland vertiefen sollte. Immanuel schrieb in dieser Zeit an seinen Schwager Ahlsell:

> ... mein guter und fleißiger Alfred verfügt über ein großes Wissen und eine unermüdliche Schaffenskraft, in der ihm keiner gleichkommt. Wir, seine Eltern und auch seine Brüder, haben deshalb größten Respekt vor ihm. [3, S. 34]

Alfred Nobel fuhr zuerst nach Nordamerika; bei dem bekannten schwedischen Ingenieur John Ericsson sollte er seine Studien fortsetzen. Vater Nobel hatte dieses Ziel sicher nicht ganz uneigennützig gewählt. Ericsson war der Erfinder der Heißluftmaschine und hatte die Schiffsschraube verbessert; Immanuel Nobel erhoffte sich Anregungen für seinen Betrieb. Über den New Yorker Aufenthalt Alfred Nobels ist leider kaum etwas bekannt. Sicher war er bei Ericsson, scheint mit ihm aber nicht in näheren Kontakt getreten zu sein.

Die Rückreise führte Alfred Nobel 1851/52 unter anderem für einige Zeit nach Paris. Möglicherweise hat er seine chemischen Kenntnisse im Laboratorium von Prof. Théophile J. Pelouze vervollkommnet, aber Genaueres ist darüber nicht bekannt. Pelouze hatte 1846 neben dem Universitätslaboratorium ein öffentliches Labor eingerichtet, das auch Interessenten ohne Studienabschluß zugänglich war.

Noch in anderer Hinsicht dürfte dieser Pariser Aufenthalt für Nobel von Bedeutung gewesen sein: hier hat er wohl seine ersten Liebeserfahrungen gesammelt. Aus weiteren Passagen in dem bereits genannten Gedicht läßt sich schlußfolgern, daß ihm die Erlebnisse mit einer Prostituierten die Sexualität verekelten und zugleich den Glauben an die wahre Liebe verlieren ließen. Eine tiefempfundene echte Romanze mit einem anderen unbekannten Mädchen beendete offensichtlich deren plötzlicher Tod und nahm ihm damit weitere Hoffnungen. Aus einem weiteren Gedicht läßt sich die Vermutung ableiten, daß er nach seiner Rückkehr nach Petersburg auch dort ein hübsches und intelligentes Mädchen fand, in der Literatur häufig als Alexandra genannt, mit der er gern eine Familie begründet hätte, die seinen Antrag jedoch ablehnte. (Dem Verfasser scheint nicht eindeutig belegt zu sein, ob es sich wirklich um zwei Mädchen handelte, oder ob nicht die vermutliche Pariserin mit dieser Petersburger Alexandra identisch ist.)

Viele Autoren gehen davon aus, daß diese Jugenderlebnisse Nobel in seinem Verhältnis zum weiblichen Geschlecht frustrierten, unterstützt durch seine Überzeugung, daß er ein unansehnlicher Mensch sei. Dazu wird des öfteren hervorgehoben, daß seine sehr enge Beziehung zur Mutter – bedingt durch die besondere Pflege des kränklichen Knaben –, deren Innigkeit auch im Alter noch stark ausgeprägt war, ihn möglicherweise darin hemmte, eine Partnerin fürs Leben zu finden.

Diese Einzelheiten werden hier und auch an späterer Stelle deshalb besonders hervorgehoben, weil sie Nobel offensichtlich sein ganzes Leben bedrückten; er fühlte sich oft einsam, hätte gern eine Familie um sich gehabt. So schrieb er um 1874 an seine Schwägerin Edla:

> ... Ich dagegen treibe ohne Kompaß und Steuer wie ein nutzloses vom Schicksal umhergeworfenes Wrack, ... ohne Familie, in der allein uns ein Fortleben in künftigen Zeiten gewährleistet wird, ohne Freunde, die das Herz erfreuen ...

Und an anderer Stelle heißt es: „Ich fühle wie alle anderen, oder vielleicht noch stärker als sie, die drückend schwere Einsamkeit."

Krimkrieg und gemeinsame Arbeit mit dem Vater

Die gute Qualität der Nobelschen Produkte und die Modernisierung der russischen Armee brachten der Fabrik von Nobel & Fils wachsende staatliche Rüstungsaufträge, die zu einer kontinuierlichen Erweiterung der Fabrik führten. Es wurden Schnellfeuergewehre nach eigenen Entwürfen produziert, Dampfmaschinen für die ersten Schraubendampfer Rußlands im Zusammenwirken mit den Putilov-Werken, Eisenteile für die erste größere Eisenbahn Rußlands von Petersburg nach Moskau. Ogarev und Schilder waren am Eisenbahnprojekt beteiligt und hatten Nobel die Aufträge verschafft. Im Jahre 1853 wurde Immanuel Nobel die kaiserliche Goldmedaille „Für Fleiß und Kunstfertigkeit" verliehen – für einen Ausländer eine seltene Auszeichnung.

Der im Herbst 1853 ausbrechende Krimkrieg, bei dem es um die Vorherrschaft im Nahen Osten ging und in dem Frankreich und England ihre Interessen mit der Türkei gegen Rußland verbunden hatten, brachte der Firma neue Aufträge. Auch Nobels Unterwasserminen sollten jetzt eingesetzt werden, und Ende 1853 verminten Immanuel und Robert Nobel die finnischen Häfen und die Zufahrt zur Festung Kronstadt, dem Kriegshafen von Petersburg. Ob diese Minen wirklich größere Kriegsschiffe hätten vernichten können, ist nicht sicher; immerhin hatten einige mehr zufällige Explosionen den englischen Admiral Charles Napier bewogen, sich mit seiner Flotte zurückzuziehen, und die russische Ostseeküste blieb von einem Angriff verschont. – Nobel benutzte Kontaktminen. Ob er von der Verlegung elektrischer Seeminen durch Werner Siemens im Preußisch-Dänischen Krieg 1848–50 vor Kiel wußte, ist nicht bekannt.

Nobel erhielt neue Rüstungsgroßaufträge; gegen Ende des ersten Kriegsjahres waren etwa 1 000 Arbeiter beschäftigt.

Alfred Nobel war offenbar seit Ende 1853 in verschiedenen Ländern Europas unterwegs, um geschäftliche Kontakte zu knüpfen und Erfahrungen auf Gebieten zu sammeln, die für die Weiterentwicklung der Produktion des Petersburger Werkes notwendig waren. So wurden mehrere Dampfmaschinen für Kriegsschiffe nach Zeichnungen gefertigt, die Alfred vermutlich in England beschafft hatte. Erwähnenswert ist, daß die Nobels sich die Werkzeugma-

schinen, mit denen die entsprechenden Bauteile gefertigt wurden, selbst konstruierten und herstellten.
Alfred besuchte auch seinen Onkel Ahlsell in Stockholm und weilte zu einem Kuraufenthalt in Franzensbad (Františkovy Lázně). Im September 1854 regelte er noch geschäftliche Angelegenheiten in Berlin und kehrte dann nach Petersburg zurück.
Nach Einschätzung von Schück war Alfred Nobel mit seinen nunmehr 21 Jahren eine voll ausgereifte Persönlichkeit, in der die Grundlagen seines späteren Wirkens bereits umfassend ausgeprägt sind:

Alfred Nobel war immer seinen Altersgenossen weit überlegen, sowohl was sein Wissen als auch, was seine geistige Reife betraf. ... Immer lagen die Grundzüge seiner Weltanschauung klar zutage. Briefe, die aus dieser Zeit erhalten sind, zeigen uns das Bild eines frühreifen, intelligenten, jedoch kränklichen, verträumten und selbstkritischen jungen Mannes, dessen Hang zur Einsamkeit nicht zu übersehen ist. [3, S. 36]

Während Ludwig und Robert Nobel sich vornehmlich mit ingenieurtechnischen Aufgaben befaßten, dürfte der Vater sich vor allem der Verbesserung seiner Minen gewidmet haben und zog den chemisch ausgebildeten Alfred dabei hinzu.
Auch die Chemiker an der Universität beschäftigten sich in diesen Kriegstagen mit Schießpulver bzw. Sprengstoffen. Zinin, der sich seit mehreren Jahren mit Nitroverbindungen befaßte, untersuchte in diesem Zusammenhang auch Nitroglycerin (siehe nächstes Kapitel), und mit Sicherheit hat Alfred Nobel solchen Versuchen bei Zinin beigewohnt. Das Problem bestand jedoch darin, daß niemand wußte, unter welchen Bedingungen man Nitroglycerin kontrolliert zur Explosion bringen konnte; eine praktische Verwendung war deshalb nicht möglich, und man mußte beim herkömmlichen Schwarzpulver bleiben.
Der Pariser Vertrag von 1856 beendete den Krimkrieg, der auf beiden Seiten hohe Verluste gebracht hatte, vor allem aber die technisch-wirtschaftliche Rückständigkeit Rußlands offenbarte. Rußland war nicht mehr die stärkste Militärmacht Europas. Eine Folge dieser Erkenntnis war, daß der seit 1855 regierende Zar Alexander II. beschloß, seine Armee mit Waffen ausländischer Produzenten ausrüsten zu lassen und alle Lieferverträge mit inländischen Betrieben kurzerhand aufkündigte. Dies traf das Nobelsche Unternehmen unvorbereitet. Nur 5 Jahre zuvor hatte Niko-

laus I. versucht, das Land von Importen unabhängig zu machen und mit Sicht auf die Kriegsvorbereitung der heimischen Industrie Unterstützung und Aufträge gegeben.
Zwar versuchte Immanuel Nobel, kurzfristig auf den zivilen Markt umzusteigen, z. B. mit seinen Schiffsdampfmaschinen, aber im Jahre 1858 stand er erneut vor dem Bankrott. Alfred wurde noch einmal nach Paris und London geschickt, aber niemand war bereit, einer Fabrik in Rußland nach dem Krimkrieg Kredite zu geben, und er kehrte mit leeren Händen zurück.
Die Söhne sahen den unvermeidlichen Zusammenbruch der Firma auf die Familie zukommen, und sie überredeten den Vater, Rußland zu verlassen. 1859 begaben sich Immanuel und Andriette Nobel mit ihrem Sohn Oscar-Emil mittellos wieder nach Stockholm.
Ludwig Nobel führte die Liquidation der Firma zur Zufriedenheit der Gläubiger durch, und es gelang ihm, mit Hilfe des Restes der Konkursmasse eine neue kleine Fabrik in Viborg bei Petersburg (dem späteren Hauptindustriegebiet Petersburgs) aufzubauen. Er produzierte kleine Werkzeugmaschinen; aber es gelang Ludwig auch, von General Eduard Iwanowitsch Totleben einen Auftrag für Gewehre zu erhalten. Das Unternehmen entwickelte sich in

3 Alfred Nobel um 1863 [3]

den sechziger Jahren zu einem anerkannten, vielseitigen und in technischer Hinsicht führenden Unternehmen. Seit 1858 war Ludwig Nobel mit seiner Cousine Mina Ahlsell verheiratet.
Robert und Alfred Nobel waren offenbar in den ersten Jahren in Ludwigs Betrieb angestellt, ohne aber allzusehr am Aufbau dieses Unternehmens beteiligt gewesen zu sein. Robert versuchte sich in verschiedenen Geschäften, arbeitete als Bauingenieur, betrieb die Herstellung feuerfester Tiegel, beteiligte sich am Bau eines Dampfschiffes. 1861 heiratete er Pauline Lenngren, die Tochter eines finnischen Kaufmannes, und siedelte bald darauf mit ihr nach Helsingfors (Helsinki) über. Dort begann er eine Ziegelbrennerei; ab 1863 war er dann Inhaber des Lampen- und Leuchtölgeschäftes „Aurora".[1] Erfolgreich war er allerdings mit diesem Unternehmen nicht.
Alfred Nobel scheint sich in diesen Jahren hauptsächlich mit mechanischen und chemischen Experimenten beschäftigt zu haben, für die er Anregungen aus den Erfordernissen des Produktionsprogramms der Nobelschen Fabriken erhielt. Bereits 1857 hatte er sein erstes Patent für ein Gas-Meßgerät erhalten, 1859 wurde ihm ein Apparat zur Messung von Flüssigkeitsmengen patentiert und im gleichen Jahr ein verbessertes transportables Manometer. Im Mai 1862 führte er seinen Brüdern Robert und Ludwig in einem Kanal hinter Ludwigs Fabrik Sprengversuche vor, bei denen er eine Mischung aus Schießpulver und Nitroglycerin verwendete. Damit begann der eigentliche erfolgreiche Entwicklungsweg des Erfinders Alfred Nobel.

---

[1] Erst Anfang des 19. Jahrhunderts war die Destillation von Petroleum (Leuchtöl) aus Erdöl in Europa bekannt geworden, und ab Mitte des Jahrhunderts verdrängte es alle anderen Lampenbrennstoffe.

Entdeckung und Nutzbarmachung des Nitroglycerins

Alfred Nobel hat das Nitroglycerin nicht entdeckt – es war einer der Stoffe, die er bereits gemeinsam mit seinem Vater bei der Suche nach neuen Sprengstoffmischungen testete (vgl. S. 20).
Seit der Erfindung des Schießpulvers[1] war bis Anfang des 19. Jahrhunderts kein anderer Explosivstoff[2] praktisch eingesetzt worden. Nach der Einführung des Pulvers in die Kriegstechnik im 13. Jahrhundert hat es fast 400 Jahre gedauert, bevor Schießpulver wieder für friedliche Zwecke angewendet wurde: ein gewisser Martin Weigel oder Weigold soll es um 1613 in Freiberg in Sachsen im Bergbau benutzt haben; sicherer belegt ist die Anwendung

---

[1] Nach wie vor liegt die Frühgeschichte des Schießpulvers etwas im Dunkeln. Sicher war der Erfinder nicht der legendäre Franziskanermönch Berthold Schwarz, der um 1375 in Freiburg i. Br. lebte und sich mit Alchemie befaßte, der aber vermutlich als einer der ersten ein Geschütz für solches Pulver konstruierte und ihm damit die eigentliche kriegstechnische Verwendung erschloß. Als Erfinder dürften die Chinesen anzusehen sein, die salpeterhaltige explosive Gemische bereits Mitte des ersten Jahrtausends in Brandsätzen für ihre Feuerwerkskünste einsetzten. Als „chinesischer Schnee" wurden diese Gemische von arabischen Schriftstellern beschrieben. Ein Kriegseinsatz dieser Explosivstoffe erfolgte wohl aber auch bei den Chinesen erst im 13. Jahrhundert (bei der Belagerung der Stadt Kaifeng durch die Mongolen 1232). In Europa finden wir erste Beschreibungen solcher Pulvergemische bei Roger Bacon in einer Schrift von 1242 und bei Albertus Magnus in seinem Werk „De mirabilibus mundi" – aus welchen Quellen sie ihre Kenntnis schöpften, ist unklar. – Heute verstehen wir unter Schwarzpulver ein explosives Gemisch von Kaliumnitrat (Kalisalpeter), Holzkohlepulver und Schwefel in einem ungefähren Massenverhältnis von 75 : 15 : 10.

[2] Unter Explosion wird eine sehr plötzliche Ausdehnung von Gasen oder Dämpfen verstanden. – Explosivstoffe sind solche Stoffe oder Stoffgemische, die in einer stark exothermen Reaktion umgesetzt werden und dabei erhebliche Gasmengen freisetzen. Wichtig ist dabei die Anwesenheit sauerstoffreicher Verbindungen (meist verwendet man Nitrate oder Chlorate). Je nach Reaktionsgeschwindigkeit werden stille thermische Zersetzung, Verbrennung, Verpuffung, Explosion oder Detonation (Spezialfall der Explosion) unterschieden. Entsprechend der Wirkungsweise werden Explosivstoffe eingeteilt in Sprengstoffe, Initialsprengstoffe, rauchschwache Pulver und pyrotechnische Sätze.

durch den Tiroler Bergmann Caspar Weindl 1627 in einer Grube in Schemnitz (damals Ungarn, heute Banská Štiavnica, ČSSR). 1696 schließlich wurde Schießpulver auch beim Straßenbau in der Schweiz eingesetzt.
War die Pulverherstellung und insbesondere die jeweils spezifische Mischung bisher mehr oder weniger gehütetes Geheimnis der Pulvermühlen gewesen, begannen sich Mitte des 18. Jahrhunderts die Naturwissenschaftler stärker für die Zusammensetzung der Pulvergemische und für die Vorgänge bei der Explosion zu interessieren. Infolge des Aufschwungs des Industriekapitalismus entstand Bedarf an Pulvern sowohl für militärische als auch gewerbliche Zwecke, die energiereicher als Schwarzpulver waren. Der Entwicklungsstand der Chemie war jedoch kaum ausreichend, um brauchbare Kenntnisse für die Entwicklung energiereicherer Treibmittel und neuartiger Explosivstoffe zu vermitteln; erst die sich im 19. Jahrhundert entwickelnde organische Chemie lieferte die notwendigen Voraussetzungen.
So versuchte 1756 LeBlond in der staatlichen französischen Pulverfabrik, Schießpulver ohne Schwefel herzustellen, und Thomas Delaval erhielt 1766 ein britisches Patent für ein Pulver mit Steinkohlenkies anstatt Kohle. Der französische Chemiker Claude Louis Berthollet entwickelte 1788 den ersten Chloratsprengstoff (Verwendung von Kaliumchlorat anstelle des Salpeters). Im gleichen Jahr fand Berthollet auch das Knallsilber (Silberfulminat), 1799 entdeckte der englische Chemiker Edward Charles Howard das Knallquecksilber (Quecksilberfulminat) – beides Sprengstoffe, die später als Initialzünder große Bedeutung bekommen sollten. Erwähnt seien hier auch die Versuche des englischen Physikers Benjamin Thompson (Count Rumford), der 1797 in München die Kraftwirkung explodierenden Pulvers sowie die Beziehungen zwischen Dichte der Explosionsgase und Gasdruck untersuchte.
Viele Namen wären zu nennen, jedoch soll hier keine Geschichte der Explosivstoffe geschrieben werden, sondern nur auf die wichtigsten Marksteine auf dem Weg zum Sprengstoff Nitroglycerin hingewiesen werden. Ein solcher ist die Erfindung der Schießbaumwolle, Vorläufer für die späteren rauchschwachen Pulver. Der französische Chemiker Henri Braconnot hatte 1832 die Idee, konzentrierte Salpetersäure nicht mit Kohle und Schwefel, sondern mit Holzfasern, Stärkemehl und dergleichen zu mischen. Die da-

bei entstehende leicht brennbare Substanz bezeichnete er als Xyloidin; daß er damit eine Vorform der Nitrozellulose, des mit Salpetersäure behandelten Zellstoffs vor sich hatte, erkannte er wohl nicht. Im Jahre 1838 befaßte sich auch Pelouze mit dieser Substanz, wobei er bei der Herstellung u. a. Papier verwendete; sein gut brennbares Produkt nannte er Pyroxylin.
Schließlich fand 1845 der Baseler Chemieprofessor Christian Friedrich Schönbein – und einige Monate später auch der Lehrer am Physikalischen Verein in Frankfurt/Main Rudolph Christian Boettger – durch Behandlung von Baumwolle mit einer Mischung aus Salpetersäure und Schwefelsäure eine dem Pyroxylin ähnliche, watteartige, durch einen Funken leicht entzündliche und schnell abbrennbare Substanz, die er Schießbaumwolle nannte. Schönbein nahm mehrere Patente auf seine Erfindung, und in der Pariser Akademie der Wissenschaften gab es noch einen Prioritätsstreit zwischen ihm und Pelouze. Aber es gelang Schönbein nicht, Schießbaumwolle in einer Form zu produzieren, die es ermöglicht hätte, sie anstelle des Schießpulvers einzusetzen. Bewahrte man Schießbaumwolle längere Zeit trocken auf, zersetzte sie sich; andererseits war die Gefahr der Selbstentzündung sehr groß, was einige verheerende Explosionen sehr drastisch bestätigten.
Zu denen, die sich um eine militärische Anwendung der Schießbaumwolle bemühten, gehörte auch Werner Siemens, damals preußischer Artillerieoffizier. Im chemischen Laboratorium der Berliner Königlichen Tierarzneischule und danach in der Spandauer Pulverfabrik führte er eine Reihe recht erfolgreicher Versuche durch. Vor allem als Sprengmittel erschien ihr Einsatz lohnend; für die Nutzung als „Schießpulver" gelang es aber auch Siemens nicht, sie haltbar zu machen [26, S. 41 f.]. Hierin konnte erst der Sprengstoffexperte des britischen Kriegsministeriums, Prof. Frederick Abel, im Jahre 1862 einen brauchbaren Erfolg erzielen (Patent von 1865). Danach konnte ein aus Schießbaumwolle gewonnenes Pulver im Heer in größerem Maßstab eingeführt werden.
Ein wichtiger Aspekt dieser hier skizzierten Verfahrensentwicklung der Sprengstoffe ist der Übergang von der einfachen Pulvermischung zur Sprengstoff-Verbindung.

Das alte Schwarzpulver war, auch noch um die Mitte des 19. Jahrhunderts, lediglich eine mechanische Mischung der drei Grundsubstanzen: Kohle, Schwefel, Salpeter. Als man aber lernte, nicht den Salpeter selbst, sondern die Salpetersäure zu verwenden, als man ferner lernte, nicht sie allein, sondern in Verbindung mit ihr die Schwefelsäure zum Einsatz zu bringen da vollzog sich der endgültige Übergang zum neuen Wege ... [22, S. 108]

Die Sprengstoffherstellung war somit Mitte des 19. Jahrhunderts zu einem chemisch-technischen Verfahren auf wissenschaftlicher Grundlage geworden, wenngleich sie auch noch nicht vollständig beherrscht wurde.

Hatte Schönbein in Fortsetzung der Versuche Braconnots dessen Holzfasern durch Baumwolle „ersetzt", so stieß der Arzt Ascanio Sobrero, Professor für angewandte Chemie in Turin, bei der systematischen Suche nach weiteren geeigneten organischen Stoffen 1846 auf das Glycerin, das sich im nitrierten Zustand als höchst explosive Substanz erwies. Angeregt hatte ihn zu diesen Versuchen Pelouze, dessen Schüler und Assistent er 1840 bis 1842 war. Sobrero nannte seine neue Substanz Pyroglycerin. Wegen seiner explosiven Eigenschaften gelang es ihm nicht, die Zusammensetzung zu bestimmen. Bald bürgerte sich für diese Substanz der Name Nitroglycerin ein; nach der heutigen Nomenklatur ist die chemisch exakte Bezeichnung Glycerintrinitrat (nach der aktuellsten Nomenklatur Glyceroltrinitrat) mit der Summenformel $C_3H_5(ONO_2)_3$, oder als Strukturformel geschrieben

$CH_2{-}O{-}NO_2$
|
$CH\ {-}O{-}NO_2$
|
$CH_2{-}O{-}NO_2$

Sobrero stellte Nitroglycerin dar, indem er möglichst wasserfreies Glycerin tropfenweise unter ständigem Umrühren einer Mischung von zwei Volumenteilen konzentrierter Schwefelsäure (Dichte 1,84 g/cm^3) und einem Volumenteil Salpetersäure (Dichte 1,5 g/cm^3) zusetzte, wobei er die Säuremischung auf einer Temperatur unter 0 °C hielt. Nach Beendigung der Reaktion goß er die erhaltene Emulsion in Wasser, wobei sich das Nitroglycerin am Boden als eine schwere, ölige, farblose bis schwach gelbliche Flüssigkeit absetzt. Nitroglycerin ist in reinem Zustand unbegrenzt haltbar, explodiert aber bei Stoß, Schlag oder Überhitzung sehr heftig. Die Detonationsgeschwindigkeit beträgt 7450 m/s; dabei erfolgt der Zerfall nach der Gleichung

$$4\,C_3H_5(ONO_2)_3 \longrightarrow 12\,CO_2 + 10\,H_2O + 6\,N_2 + O_2\,,$$

wobei je kg Sprengstoff 1 485 kcal und 715 l Gas frei werden, die in der Reaktionszone einen Druck von etwa 10^5 at erzeugen.

Die sicherste Weise, die Explosivkraft des Pyroglycerins zu zeigen, ist, einen Tropfen auf ein Uhrglas zu tun und ihn mit einem zur Rotglut erhitzten Platindraht zur Explosion zu bringen,

sagte Sobrero in seinem Bericht an die Wissenschaftliche Akademie in Turin vom 21. Februar 1847 (zit. nach [25, S. 73]).
Es gelang Sobrero jedoch nicht, Nitroglycerin gezielt und unter kontrollierten Bedingungen zur Explosion zu bringen. Auch andere Chemiker blieben erfolglos. So fand dieser gefährliche Sprengstoff kurioserweise zunächst nur eine medizinische Anwendung: Sobrero und andere hatten gefunden, daß Nitroglycerin in Form einer verdünnten Alkohollösung als therapeutisches Mittel gegen Kopfschmerzen und als Herzstimulanz einsetzbar war. Dieses meist unter dem Namen Glonoine verbreitete Präparat benutzte auch Alfred Nobel sehr häufig.
Dies war die Situation in der Sprengstoffchemie, als Alfred Nobel sich Mitte der fünfziger Jahre des vorigen Jahrhunderts eingehender mit den Sprengstoffen zu beschäftigen begann, um seinem Vater bei der Verbesserung der Minen und anderer Sprengkörper zu helfen. Sie versuchten dabei, einen Sprengstoff zu finden, der wirkungsvoller als das übliche Schwarzpulver war, und es wurde bereits erwähnt, daß sie wahrscheinlich von dem russischen Chemiker Zinin um 1855 auf die bedeutende Sprengkraft des Nitroglycerins aufmerksam gemacht wurden. Auch wenn die Versuche damit zunächst erfolglos blieben, ließ sie der Gedanke an die möglichen Vorteile eines solchen Sprengstoffes nicht mehr los, und in den folgenden Jahren experimentierten Vater und Sohn unabhängig voneinander und jeder mit eigenen Ideen weiter mit diesem Stoff.
Immanuel Nobel hatte nach seiner Rückkehr nach Schweden auf Heleneborg, einem Außenviertel Stockholms, ein bescheidenes Landgut erworben und dort ein kleines Laboratorium eingerichtet. Im Jahre 1861 gelang es Alfred sogar, ihm in Paris einen Kredit von 100 000 Francs zur Erforschung des Nitroglycerins zu beschaffen. Damit konnte Immanuel auf Heleneborg eine kleine Fabrik einrichten, und als erstem gelang es ihm ab 1862, dort Nitroglycerin fabrikmäßig herzustellen. Sobreros Methode hatte er dazu

etwas abgewandelt. Er fügte nun dem Schwarzpulver etwa 10 Prozent Nitroglycerin zu und erhielt auf diese Weise ein etwas stärkeres Sprengpulver. Allerdings war die Wirkung ungleichmäßig, eben weil nach wie vor unbekannt war, wie das Nitroglycerin eigentlich richtig zur Explosion gebracht werden müßte. Das herauszufinden, fehlten Immanuel Nobel allerdings die entsprechenden chemischen Kenntnisse und die notwendige systematische Auswertung seiner Experimente. Hinzu kam, daß er selbst von der Qualität dieser neuen Pulvermischung viel zu überzeugt war, um genauere Untersuchungen anzustellen.
Intensiver dürfte sich Alfred Nobel wohl erst wieder mit dem Nitroglycerin beschäftigt haben, als sein Vater ihm 1862 von seinem neuen Sprengstoff berichtete, den er den Militärs vorführen wollte, wobei Alfred behilflich sein und deshalb nach Stockholm kommen sollte. Alfred war jedoch gegenüber der angeblichen Qualität und den Sprengkraftberechnungen seines Vaters mißtrauisch. Die damalige Situation schilderte er sehr deutlich in einem (wahrscheinlich im Mai 1864 geschriebenen) Brief an den Vater, als es wegen der ersten Patentanmeldungen Alfreds zum Nitroglycerin zu einigen Prioritätsstreitigkeiten zwischen beiden kam:

Als Du zuerst an mich nach Petersburg schriebst, gabst Du das neue Sprengpulver als eine vollständig ausgearbeitete Sache aus und als zwanzigmal stärker als das gewöhnliche Pulver. Ich wurde aufgefordert, mit diesen Vorspiegelungen zu General Totleben zu gehen, was ich auch tat, nur daß ich vorsichtigerweise das Pulver als nur achtmal so stark angab. Auf Deinen Wunsch kam ich dann nach Schweden und fand, daß die Vorspiegelungen auf einem unzureichenden Versuch in einem Bleirohr beruhten. Die Folge war ein komplettes Fiasko. ... Auf Ludwigs vernünftigen Rat beschloß ich indessen, mich oder uns nicht durch die Vorlegung des chlorsauren Pulvers zu blamieren, und fing in Petersburg auf eigene Hand an, mit Pyroglycerin zu arbeiten ...

Diese Petersburger Arbeiten, deren Erfolg er seinen Brüdern mit einem Versuch im Kanal hinter Ludwigs Fabrik dokumentierte, hatten ihn zu folgender Anordnung kommen lassen: Eine Glasröhre wurde mit Nitroglycerin gefüllt, gut verkorkt und dann in eine mit Pulver gefüllte Metallröhre gesteckt, die ebenfalls verkorkt wurde. In das Pulver führte eine Zündschnur. Diese wurde angezündet und dann das Ganze in den Wassergraben geworfen. Eine starke Detonation schleuderte eine große Wassermenge empor.

Die grundlegende Idee, die Alfred Nobel mit diesem Versuch realisierte – und die sich vom Herangehen seines Vaters und aller anderen Vorgänger wesentlich unterschied –, bestand darin, das Nitroglycerin nicht dem Pulver beizumischen oder direkt anzuzünden, sondern durch eine gesonderte Zündladung das Nitroglycerin zur Explosion zu bringen. In diesem Prinzip der Initialzündung besteht das eigentliche Verdienst Alfred Nobels bei der Nutzbarmachung des Nitroglycerins als Sprengstoff, und diese Idee ist auf das Frühjahr 1862 zu datieren.

Nachdem Alfred Nobel etwa Anfang 1863 auf Wunsch des Vaters nach Stockholm zurückgekehrt war, beschäftigte er sich im Laboratorium auf Heleneborg vor allem mit der Ausarbeitung eines technisch einsetzbaren Zünders auf der Grundlage dieses Prinzips. Er umgab nun das Nitroglycerin nicht mehr mit dem Schwarzpulver, sondern führte eine kleine verschlossene Ladung in die entsprechende Menge Nitroglycerin ein. Die verschiedenen Entwicklungsstationen von „Nobels Patentzünder" kann man aus den zwischen 1863 bis 1867 angemeldeten Patenten ersehen. Hier soll nur vermerkt werden, daß die erste schwedische Patentanmeldung 1863 erfolgte – am 14. 10. 1863 wurde es unter der Nr. 1261 erteilt.

War er in diesem ersten Patent noch der Meinung, daß es im wesentlichen darauf ankomme, schnell die Verpuffungstemperatur des Nitroglycerins (etwa 170–180 °C) zu erreichen, so formulierte er in einem knapp ein Jahr später erteilten Patent ganz klar:

Ich mache also Anspruch 1. auf die Idee, was die industrielle Verwendung betrifft, durch das Zustandebringen eines bloßen Initialimpulses die Explosion in solchen Stoffen fortpflanzen zu können, die im offenen Raum mit brennenden Körpern in Berührung gebracht werden können, ohne zu explodieren ...

Eine solche Erkenntnis setzte eine genaue Beobachtung des Druckverlaufes bei der Detonation voraus. – In dem britischen Patent Nr. 1345 vom 7. Mai 1867 geht Nobel dann auf die Verwendung von Knallquecksilber als Initialsprengstoff ausführlicher ein; diese von Justus v. Liebig näher untersuchte Substanz gewann bald große Bedeutung für die Herstellung von Zündmitteln. Nobel nannte die Kupferhülse, in der das Knallquecksilber eingeschlossen wurde, Zündhütchen.

Neben der Problematik, das Nitroglycerin kontrolliert zur Explosion zu bringen, beschäftigte sich Nobel auch mit der Verbesserung des Herstellungsverfahrens von Nitroglycerin, um vor allem ein wirtschaftliches technisches Verfahren zu finden, sowie dieses Sprengöl – wie man es allgemein nannte – in eine Form zu bringen, die bei Transport, Lagerung und Anwendung die größtmögliche Sicherheit garantierte, ohne die Sprengkraft wesentlich zu beeinflussen. Bedauerlicherweise lagen auf diesem Entwicklungsweg auch einige Explosionskatastrophen. War es bereits in den Labors der Chemiker bei der Erforschung des Nitroglycerins zu einer Reihe von Unfällen gekommen, so verhinderten die zum Einsatz kommenden kleinen Mengen doch größeren Schaden. Nun aber arbeitete man mit größeren Mengen und war stets von hochexplosiven Substanzen umgeben; Labor und „Produktionsräume" waren ja praktisch nicht voneinander getrennt.

Grundsätzlich gab es zwei Nitriermethoden für das Glycerin: die warme oder „Trichter"-Methode und die kalte Methode. Bei ersterer kühlte man die Säuren auf -10 bis -12 °C ab und goß sie dann mit Glycerin (das etwa Zimmertemperatur hatte, da es bei tieferer Temperatur nicht mehr so gut fließt) gemeinsam durch einen Trichter in einen Wasserbehälter, wobei sich das gebildete Nitroglycerin am Boden absetzte. Die Reaktion im Trichter ist exotherm, und die Temperatur konnte bis etwa 60 °C ansteigen, höhere Temperaturen waren gefährlich. Diese kontinuierliche Methode brachte nur eine geringe Ausbeute, sie hatte aber am Anfang der Entwicklung den Vorteil, daß man nicht während des Reaktionsprozesses kühlen mußte. Die kalte Methode war zu dieser Zeit ein diskontinuierlicher Prozeß: Glycerin wurde in kleinen Mengen der vorher abgekühlten Säuremischung zugesetzt, wobei man nach jeder Glycerinzugabe mit Eis wieder abkühlen mußte. Die Ausbeute war allerdings etwas höher, und das Verfahren war sicherer. Alfred Nobel bemühte sich deshalb besonders um die Ausarbeitung dieser Methode. In einem Brief vom August 1865 bemerkte Robert Nobel:

Alfred ist sehr für die Herstellung nach der kalten Methode als der sowohl sichreren wie gewinnbringenderen, und nach verschiedenen Versuchen bin ich nun derselben Ansicht. (Zit. nach [25, S. 88])

Die erste Katastrophe traf die Familie Nobel unmittelbar. Im Sommer 1864 experimentierte auch der jüngste Bruder, Oscar-Emil, der inzwischen ein Chemiestudium in Uppsala aufgenommen hatte, in dem Labor auf Heleneborg. Am 3. September 1864 ereignete sich dort eine starke Explosion, die das gesamte Laborgebäude zerstörte und fünf Menschenleben kostete – darunter Oscar-Emil. Immanuel und Alfred waren zufällig nicht im Labor. Der Verlust des Lieblingssohnes traf die Familie schwer, und der Vater erlitt kurz darauf einen Schlaganfall, von dem er sich für den Rest seines Lebens (er starb am 3. September 1872 in Stockholm) kaum mehr erholte.

Trotz seiner Bettlägerigkeit blieb Immanuel Nobel aber nach Überwindung des ersten Schocks geistig aktiv und entwickelte nach wie vor die verschiedensten Erfindungen, darunter vor allem zur Weiterentwicklung und Anwendung seiner Minen. – Erwähnt werden soll noch seine Idee von 1870, vielschichtige Holzplatten herzustellen. Sie entsprang dem Anliegen, die heimatliche Naturressource Wald so ökonomisch wie möglich zu nutzen und durch das Schaffen von Arbeitsplätzen dem Auswanderungsstrom Einhalt zu gebieten. Praktisch realisiert wurde diese Idee jedoch erst um 1900, als entscheidende Fortschritte in der Herstellungstechnologie erzielt wurden (Furnierschneidetechnik, neue Leime und Klebstoffe), so daß Sperrholz dann weltweit in der holzverarbeitenden Industrie Eingang fand. Im Prinzip ist Sperrholz seit dem Ende des 18. Jahrhunderts bekannt, aber die Nobel-Literatur nennt stets Immanuel Nobel als Erfinder. Sicher hat er ein praktikables Verfahren entwickelt, und sein Verdienst besteht vor allem darin, eine breite Palette von Gegenständen beschrieben zu haben, die man aus Sperrholz herstellen könnte.

Da keiner der Beteiligten überlebte, konnten die Ursachen des Explosionsunglückes nie aufgeklärt werden. Immanuel und Alfred hatten nur Vermutungen äußern können, wie das Polizeiprotokoll belegt. Vermutlich wurde die Temperatur nicht ausreichend kontrolliert, so daß eine zu starke Erwärmung bei der Nitrierung die Explosion auslöste. Die großen Verwüstungen waren jedoch offensichtlich dadurch entstanden, daß durch eine kleinere Explosion, die sich beim Experimentieren ereignete, ein Teil der etwa 150 kg versandfertigen Sprengöls explodierte.

Die Katastrophe hatte die Öffentlichkeit beunruhigt, man begegnete Nobel überall mit Mißtrauen, und es wurde eine behördliche Verfügung erlassen, nach der die Herstellung und Lagerung von

Nitroglycerin in besiedelten Gegenden verboten wurde. Neben dem persönlichen Leid drohte der Familie damit erneut ein finanzieller Ruin, denn die Produktion konnte nicht wieder aufgenommen werden. Alfred Nobel mußte sich entscheiden: sollte er „sobald wie möglich die fluchbeladene Laufbahn eines Erfinders aufgeben, die ja doch nur Unglück mit sich bringe", wie ihm sein Bruder Robert in einem Brief riet [3, S. 51], oder sollte er mit aller Kraft versuchen, diese seine in vielfacher Hinsicht gefährliche Erfindung, von deren Nützlichkeit für die Menschheit er überzeugt war, durchzusetzen?

Abnehmerinteressen waren inzwischen geweckt: Schweden hatte Anfang der sechziger Jahre begonnen, sein Eisenbahnnetz aufzubauen und man benötigte dringend wirksame Sprengmittel, um in unwegsamem Gelände das harte schwedische Gestein abtragen zu können. Die Baubehörde der Staatlichen Eisenbahngesellschaft war bereit, Nobels Sprengöl einzusetzen. Unter diesen Umständen fand sich schließlich auch ein Geldgeber: der wohlhabende Stockholmer Kaufmann Johann Wilhelm Smitt, ein welterfahrener und weitblickender Mann, sagte seine Unterstützung zu. Noch im November 1864 wurde die Nitroglycerin Aktiebolaget gegründet; Teilhaber waren Smitt mit 32 Anteilen, Kapitän Carl Wennerström mit 31 Anteilen und Alfred Nobel (der dann seinem Vater die Hälfte der Aktien überließ) mit 62 Anteilen, wofür er die volle Nutzung seines Patents einbrachte. Nobel wurde dabei Betriebsleiter, Chefingenieur und Buchhalter in einer Person.

Trotzdem war es nicht möglich, ein Grundstück zu erwerben, denn die Furcht vor diesem neuen, im Prinzip ja noch unbekannten Sprengstoff war zu groß. Natürlich verlief auch die Produktion von Schwarzpulver nicht gefahrlos und forderte immer wieder ihre Opfer, aber das war eben bereits ein etablierter Produktionszweig, an den man sich längst gewöhnt hatte. Einen solchen psychologischen „Masseneffekt" – die Furcht vor dem Neuen und später die „Gewöhnung", die oft zur Gleichgültigkeit führt – kann man in der Geschichte der Technik immer wieder beobachten. Da kam Alfred Nobel auf die Idee, auf dem Mälarsee bei Stockholm auf einem verankerten Prahm seine Produktionsstätte einzurichten. Unter primitiven Bedingungen konnte er noch Ende 1864 die Produktion von „Nobels Patent-Spreng-Öl" wieder aufnehmen.

Anfang 1865 gelang es der Gesellschaft, ein Gelände am Vinterviken außerhalb Stockholms zu erwerben. Für den Aufbau dieser nun im eigentlichen Sinne ersten Nitroglycerinfabrik der Welt berief Nobel einen Jugendfreund, den Ingenieur Alarik Liedbeck. Die Zusammenarbeit mit ihm sollte sich in Zukunft sehr fruchtbar gestalten. Von 1867 bis 1875 leitete er die Fabrik in Vinterviken.

Im Herbst des gleichen Jahres eröffnete Robert Nobel, dem Alfred die Patentrechte für Finnland überlassen hatte, eine Fabrik in Frederiksberg in der Nähe Helsinkis. Auch in Lysaker in Norwegen wurde 1865 noch eine Fabrik eröffnet. Dies ist der einzige Fall, in dem Nobel seine Patentrechte völlig abtrat und nicht Teilhaber wurde, da er dringend Geld benötigte, um seinem Vater eine Kur zu ermöglichen. Die finnische Fabrik war allerdings nicht so erfolgreich, und Robert kam um 1867 ebenfalls nach Vinterviken.

Die anfängliche Scheu vor dem neuen Sprengstoff wich schnell, als man erkannte, welche Möglichkeiten ihm innewohnten. Für Sprengarbeiten erstmals verwendet wurde Nitroglycerin offenbar im Sommer 1863 bei den Granitbrüchen von Huvudsta sowie im Tyskbagareberg in Stockholm, im Grubenbetrieb im Dezember 1863 bei Åmmeberg. Im Oktober 1864 wurde es bei Tunnelarbeiten unter Södermalm für den Eisenbahnbau eingesetzt. Die Nachrichten über diese Erfolge wurden schnell verbreitet, und es entstand an vielen Stellen der Welt Bedarf nach diesem neuen Sprengstoff. Vor allem der weltweite Eisenbahnbau verlangte dringend danach, um die Trassen möglichst schnell vorwärtstreiben zu können, Zeit und Arbeitskraft zu sparen. Insbesondere in den USA, wo man die großen Pazifiklinien in Angriff nahm, war man an dem neuen Sprengstoff äußerst interessiert. Im Auftrage Nobels führte Otto Bürstenbinder im Juli 1865 in New York Demonstrationsversuche durch.

Schon im Frühjahr 1865 hatte Nobel von den Hamburger Kaufleuten Wilhelm und Theodor Winkler, gebürtige Schweden, eine Einladung erhalten, in Hamburg eine Nitroglycerinfabrik zu eröffnen. Die Verhandlungen gestalteten sich so günstig, daß bereits am 21. Juni desselben Jahres mit diesen Partnern sowie dem Hamburger Anwalt Dr. Christian Eduard Bandmann die Gesellschaft Alfred Nobel & Co. gegründet werden konnte. Mit einem Anfangskapital von 30 000 preußischen Talern und etwa 50 Arbeitern errichtete man südlich von Hamburg auf dem Krümmel bei Geesthacht an der Elbe die neue Fabrik. Die offizielle Genehmigung der Königlichen Preußischen Herzoglich Lauenburgischen Regierung, zu deren Amtsbereich das Fabrikgelände gehörte, wurde am 8. November 1865 erteilt. Kurz darauf begann das Werk mit der Produktion.

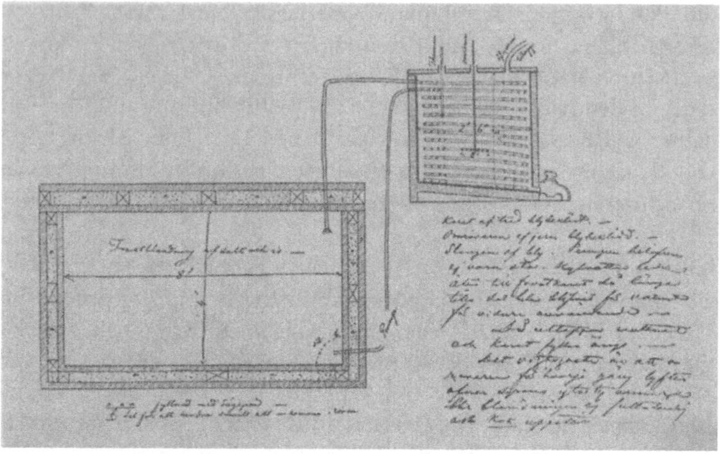

4 Handskizze Nobels für einen gekühlten Nitrator für die Fabrik in Krümmel (um 1870) [23]

Interessant ist, daß die Genehmigungsurkunde eine Reihe von Sicherheitsauflagen für den Aufbau der Fabrik enthielt, wie Anlage eines Erdwalls um die gesamte Produktionsstätte, Trennung der Räume für Produktion und Lagerung des Nitroglycerins von denen für Produktion und Lagerung der Zündhütchen usw. Diese Auflagen kamen Nobel aber im Hinblick auf die Zusammenarbeit mit seinen Partnern sehr entgegen, da er selbst an solchen Sicherheitsmaßnahmen interessiert und deshalb auch bereit war, dafür entsprechende finanzielle Aufwendungen hinzunehmen.

Der Produktionsablauf in Krümmel (in etwa analog der Anlage in Vinterviken, über die es keine genauen Angaben mehr gibt) war aus heutiger Sicht äußerst primitiv. Ein gewisser Wilhelm Ritter, damals als Baumeister beschäftigt, schilderte die Einrichtung der ersten Produktionsstätte in Krümmel später so:

Glycerin wurde den vermischten Säuren zugesetzt, welche in einem hölzernen Bottich enthalten waren, der mit einem Bleibelag ausgekleidet war und mit Eis gekühlt wurde. Dieses Gemisch wurde dann in einen großen Tank entleert, der Wasser enthielt und ursprünglich ebenfalls mit Blei ausgekleidet war. Das Nitroglycerin wurde vom Boden dieses Tanks abgelassen, während die Säure, die durch das Wasser verdünnt war, einfach in einen Graben abfloß. (Zit. nach [23, S. 217])

Eine Handskizze von Nobel aus dem Jahre 1870 zeigt den Entwurf einer verbesserten Kühleinrichtung für den Nitrierbottich (vgl. Abb. 4).

Man darf die ersten dieser Produktionsstätten wirklich nicht mit heutigen Maßstäben messen. Sie bestanden im wesentlichen aus schuppen- oder barackenähnlichen Gebäuden, die die Bottiche und Tanks aufnahmen. Durch Anordnung in verschiedenen Stockwerken oder Ausnutzung natürlichen Gefälles, beispielsweise an einem Hang, wurde das Abfließen von einem Behälter in den anderen gesichert. Erst etwa ab Anfang der siebziger Jahre wurden dann – besonders durch Liedbeck – kompliziertere Apparaturen mit Kühl- und Pumpsystemen, mechanischen Rührwerken usw. konstruiert, die auch kompliziertere und größere Gebäudeaufbauten zur Folge hatten.

Hamburg war ein günstiger Verkehrsknoten zu Wasser und zu Lande und bot daher gute Versandmöglichkeiten an alle künftigen Abnehmer. Nicht nur Deutschland und Österreich wurden beliefert, sondern auch andere europäische Staaten und die USA. Das industriell sich entwickelnde Deutschland, dessen Einigung „von oben" 1866 mit der Gründung des Norddeutschen Bundes politisch vorbereitet wurde, hatte sowohl für den Bau von Straßen, Eisenbahntrassen und Kanälen als auch im Bergbau für die Bereitstellung immer größerer Rohstoffmengen steigenden Bedarf an effektiv einsetzbarem Sprengstoff.

Nachdem die ersten Vorbehalte abgebaut waren, trat Sorglosigkeit im Umgang mit diesem scheinbar ungefährlichen milchigweißen Sprengöl ein. Es wurde meist in verzinnten Blechkanistern transportiert; das noch unvollständig von Säureresten gereinigte Nitroglycerin fraß auf längeren Transporten häufig Löcher in die Kanister, und man lötete diese einfach, ohne die Kanister zu leeren oder zu reinigen. Bei Temperaturschwankungen und wegen der unvollständigen Reinigung trat nach längerer Zeit ein (damals unerklärlicher) Zersetzungsprozeß ein, der Gasdruck sprengte dann die ebenfalls häufig verwendeten Weinflaschen. Ja sogar als Lampenöl, Schuhputzmittel und Wagenschmiere soll das Nitroglycerin benutzt worden sein. Der schwedische Ingenieuroffizier Cl. Adelsköld stellte später in seinen Lebenserinnerungen fest:

> ... und was mir jeden Tag meines Lebens unbegreiflicher wird, ist, daß wir uns in diesen ... Tagen nicht täglich wenigstens fünfzigmal selbst in Atome zersprengt haben. (Zit. nach [25, S. 93])

Aber es passierte genug, offenbar meist durch Zersetzung während des Transportes oder der Lagerung. In New York explodierte am 4. Dezember 1865 eine Korbflasche mit etwa 5 kg Nitroglycerin vor einem Hotel, nachdem sie mehrere Tage in der Hotelhalle gelagert hatte. Plötzlich aufsteigende rote Dämpfe hatten den Portier veranlaßt, die Kiste ins Freie zu schaffen. Mehrere umliegende Häuser wurden schwer beschädigt. Am 3. April 1866 versank vor der panamaischen Atlantikküste nach einer vom Ufer aus beobachteten Explosion der Dampfer „European", der neben Kriegsmunition eine Ladung Nitroglycerin an Bord hatte, mit 47 Mann. Kurz darauf explodierte eine Ladung Nitroglycerin, die bis San Franzisko gelangt war, im Lagerhaus von Wells, Fargo & Co.; 14 Menschen kamen dabei ums Leben. Weitere Unglücksfälle wären zu nennen. Anfang Mai 1866 wurde auch die Fabrik in Krümmel durch eine Explosion zerstört, und im Juni 1868 flog die Fabrik am Vinterviken in die Luft.

Es wird berichtet, daß Sobrero, nachdem er von den Unglücksfällen erfuhr, es tief bedauerte, diesen gefährlichen Stoff hergestellt zu haben. Eine solche resignierende Haltung ist bei Naturwissenschaftlern des öfteren anzutreffen, wenn sie feststellen müssen, daß ihre Entdeckung für die Menschheit schädliche Auswirkungen hat. So wissen wir, daß auch Otto Hahn, als er vom ersten Atombombenabwurf erfuhr – hierbei handelte es sich natürlich nicht um einen „Unglücksfall", sondern um pervertierte kriegspolitische Zielsetzungen –, besonders darüber verzweifelt war, daß er derjenige war, der die Atomkernspaltung entdeckt hatte. Die Erkenntnis des möglichen Mißbrauchs wissenschaftlicher Erkenntnisse führte Hahn nach dem 2. Weltkrieg in die Reihen der aktiven Gegner einer Atomrüstungspolitik. Nicht eine wissenschaftliche Entdekkung ist schlecht, sondern das leichtsinnige oder mißbräuchliche Umgehen mit ihr.

Auch Alfred Nobel war sich der Gefahren wohl bewußt. Widerstand er bisher einerseits erfolgreich den Vorschlägen, Nitroglycerin für militärische Zwecke einzusetzen (wir kommen noch darauf zurück), so war er andererseits von Anfang an bemüht, sein Sprengmittel in eine sicher handhabbare Form zu bringen. Die Nachrichten von den Unglücksfällen ließen ihn seine Anstrengungen verstärken, eine brauchbare Lösung zu finden. Sicherlich ist zu berücksichtigen, daß es nicht nur menschliche Gefühle für die Verunglückten waren, die ihn vorantrieben, sondern ebenso das ökonomische Interesse, seinen Sprengstoffabriken auch weiterhin den Absatz zu sichern, aber man darf ihm wohl ziemlich sicher bescheinigen, daß er den Profit nicht rücksichtslos in den Vordergrund seines Trachtens rückte.

Den Grundgedanken für die Lösung des Problems hatte er bereits 1863 entwickelt, und er war indirekt schon in seinen ersten Patenten enthalten: das Sprengöl mit einem festen Adsorptionsmittel zu versetzen. Daß er diese Idee nicht von Anfang an intensiver verfolgt hatte, lag sicher daran, daß er anfangs die Gefahren des Nitroglycerins selbst etwas unterschätzt hatte. Die Fragen der Reinheit und der damit zusammenhängenden Zersetzung nach längerer Zeit waren ja noch relativ ungeklärt. Hauptursache war aber wohl, daß er eben noch kein geeignetes Adsorptionsmittel gefunden hatte. Schließlich sollte dadurch die Sprengkraft nicht allzusehr vermindert werden, und der Stoff sollte weiterhin einfach herstellbar und handhabbar sein, und das war das flüssige Nitroglycerin zweifellos.

Nobel versuchte systematisch, die verschiedensten Materialien wie Schwarzpulver, Holzkohle, Sägespäne, Zement, Ziegelmehl und anderes als Adsorptionsmittel einzusetzen. Eine mögliche Lösung des Problems sah er darin, ein nichtexplosives Lösungsmittel wie Methylalkohol (heutige Bezeichnung: Methanol) beizumischen, das man vor Verwendung des Nitroglycerins wieder mit Wasser auswaschen könnte. Die Patentanmeldung nahm er am 20. 5. 1866 in New York vor; praktisch hatte diese Methode jedoch viele Nachteile. Nach der Rückkehr von seiner USA-Reise widmete er sich im Herbst 1866 in Krümmel unter Mitwirkung des neuen Fabrikchefs, des Pionieroffiziers Carl Dittmar, ganz intensiv diesem Problem. Dittmar, der 1870 in die USA ging, bezeichnete sich später als den Erfinder des Dynamits, das er „Dualin" nannte, und errichtete dort die Dittmar Powder Co.

Als ein recht geeigneter Stoff erwies sich schließlich Kieselgur. Kieselgur (Infusorien- oder Diatomeenerde) ist ein natürliches Kieselxerogel, als das man ein in Binnenseen und Mooren abgelagertes graues bis erdiges Sedimentgestein bezeichnet, das aus den Kieselschalen abgestorbener Diatomeen, organischen Bestandteilen und Sand entstanden ist. Wesentlichster Bestandteil ist Siliziumdioxid SiO_2; Kieselgur hat ein Porenvolumen von 80 bis 90 %.

Ehe sich Nobel für Kieselgur als Adsorptionsmittel entschied, führte er mehrere Vergleichssprengungen mit anderen Mischungen durch. Ausschlaggebend dürfte gewesen sein, daß Kieselgur nicht mit dem Sprengöl reagierte, sowie die Erfahrung, daß das saure Nitroglycerin in Kontakt mit organischen Substanzen, wie Sägespäne, sich leicht selbst entzündete.

Die neue Substanz hatte eine Sprengkraft, die etwa fünfmal größer war als die einer gleichen Menge Schießpulver – allerdings um etwa 25 % geringer als die des reinen Nitroglycerins. Aber die Nachteile des flüssigen Nitroglycerins, wie Stoßempfindlichkeit, Einfluß von Temperaturschwankungen usw. waren beseitigt. Als Vorteil ergab sich sogar, daß man diese teigige Substanz für die Verpackung und entsprechend den Anwendungsgegebenheiten in verschiedene Formen pressen konnte. Am meisten durchgesetzt hat sich die Stangenform. Nobel nannte seine Erfindung „Dynamit oder Nobels Sicherheits-Pulver" (vom griech. dynamis = Kraft. Wegen der Verwendung von Kieselgur sprach man auch von „Gurdynamit".) und ließ sie sich im Laufe des Jahres 1867 in verschiedenen Ländern patentieren. Anfang 1867 hatte die Firma Alfred Nobel & Co. in Krümmel begonnen, Dynamit zu produzieren, zunächst in zwei Varianten: a) mit ca. 75 % Nitroglycerin und 25 % Kieselgur und b) mit 66 % Nitroglycerin und 34 % Kieselgur.

Lange Zeit war selbst in der Fachliteratur die Auffassung verbreitet, daß es sich bei Nobels Erfindung des Dynamits um eine reine Zufallsentdeckung gehandelt habe. Diese Legende sei dem Leser wenigstens nicht vorenthalten: Kieselgur wurde als stoßdämpfendes Verpackungsmaterial für die Nitroglycerinkanister verwendet, weil es sehr leicht und billig war und ein gutes Adsorptionsvermögen besaß. Einmal soll ein Kanister ausgelaufen sein, und das Nitro-

glycerin bildete mit der Kieselgur eine breiartige Masse, wodurch das Dynamit sozusagen „von selbst“ entstanden sei.
Unabhängig davon, wieviel Körnchen Wahrheit in solchen Legenden stecken mögen, kann sich ein solcher Zufall nur dann positiv auswirken, wenn die Person, der er widerfährt, für die richtige Beobachtung und Deutung eines solchen Ereignisses sensibilisiert ist. So betont auch Henry de Mosenthal, langjähriger leitender Mitarbeiter des späteren Nobel-Konzerns:

Nobel war kein Empiriker in seinen Methoden, sondern ermahnte stets seine Mitarbeiter, dass die Tage zufälliger Erfindungen vorüber seien und dass Fortschritt nur durch systematisches Verfolgen einer gesunden Idee gemacht werden könne. Es mag sein, dass er häufig jene Stoffe auswählte, welche er bei der Hand hatte, aber die Grundidee seiner Erfindungen war stets das Ergebnis von Versuchen, die auf streng logischer und wissenschaftlicher Grundlage geführt wurden. [21, S. 755]

Nobel trat in späteren Jahren selbst einmal dieser Mär vom Zufall entgegen. In einem Brief schrieb er 1883:

Zu dieser Zeit [1864, als er bereits in einigen Patenten „von ... anderen porösen Substanzen aufgesaugtes Nitroglycerin“ erwähnte – H. K.] war mir jedoch die große Porosität des Kieselgurs unbekannt, die erst einige Monate später zu meiner Kenntnis kam. ... Ich habe bestimmt nie bei irgendeiner Gelegenheit ein zufälliges Ausrinnen von Nitroglycerin in die Kieselgurpackung in solcher Menge bemerkt, daß sich eine plastische oder auch feuchte Masse gebildet hätte. ... Was mich zuerst auf die Verwendung von Gur für Dynamit aufmerksam gemacht hat, war dessen großer Umfang nach dem Trocknen, was natürlich von großer Porosität zeugt.

Die ersten Erfolge seines Sohnes erlebte der Vater Immanuel Nobel, der ihn ja zumindest auf das Sprengstoffgebiet geführt hatte, noch mit und konnte selbst ein klein wenig dieses Ruhmes für sich verbuchen. Im Jahre 1868 verlieh die Kgl. Schwedische Akademie der Wissenschaften an Immanuel und Alfred Nobel den Letterstedt-Preis (Goldmedaille). Der Letterstedt-Preis, benannt nach dem schwedischen Kaufmann Jacob Letterstedt, der in Kapstadt ein bedeutendes Vermögen erwirtschaftete und der schwedischen Akademie eine große Geldsumme vererbte, wird „für außerordentliche Leistungen auf dem Gebiet der Kunst, Literatur oder Wissenschaft, für bedeutende Entdeckungen zum Nutzen aller“ verliehen.
Dem Vater wurde der Preis zuerkannt „für seine Arbeiten im

Zusammenhang mit dem Gebrauch von Nitroglycerin als Sprengstoff", dem Sohn „in erster Linie für die Erfindung des Dynamits". Sicher war die Einschätzung der Verdienste des Vaters um das Nitroglycerin damit zu hoch angesetzt, denn seine Idee führte ja nicht zu diesem wirksamen neuen Sprengstoff, aber seine gesamte Erfindertätigkeit ist durchaus würdigenswert gewesen. Auch Alfred sah das so und gönnte dem Vater seinen Teil an diesem Preis, obwohl es einen gewissen Mißklang mit sich brachte, daß der Vater die gemeinsame Medaille einfach für sich behielt. Andererseits erhielt Alfred Nobel die Auszeichnung für die Erfindung des Dynamits, während die Sprengstoffexperten heute seine Erfindung der Initialzündung als die für die Sprengstofftechnik bei weitem bedeutendere einschätzen, wenngleich er natürlich der „Popularität" des Dynamits auch jetzt noch seine eigentliche Berühmtheit verdankt.

Auswertung der Erfindung des Dynamits und Aufbau einer weltweiten Industrie

Die Entstehung der verschiedenen Gesellschaften

Das Dynamit eroberte sich sozusagen im Handumdrehen die Welt. Aber das bedeutete nicht, daß die Verbreitung problemlos erfolgte; es waren viele Rückschläge hinzunehmen, Patentstreitig-

Tafel 2: Gründungen von Aktiengesellschaften für die Produktion von Sprengöl und/oder Dynamit, an denen Alfred Nobel zwischen 1865 und 1873 beteiligt war

Jahr	Ort	Land/Bemerkungen
1865	Vinterviken (bei Stockholm)	Schweden
1865	Krümmel (bei Hamburg)	Deutschland (Alfred Nobel & Co.)
1866	Lysaker (bei Oslo) später nach Engene verlegt	Norwegen
1866	Little Ferry	New Jersey, USA (US Blasting Oil Co. – zerstört 1870)
1868	Zamky (bei Prag)	Österreich-Ungarn (heute ČSSR) (zunächst als Außenstelle der Hamburger Alfred Nobel & Co.)
1868	Rock House Canyon (bei San Francisco)	Californien, USA (Bandmann, Nielsen & Co.)
1870	Hanko (bei Helsinki)	Finnland (damals zu Rußland gehörig)
1871	Ardeer (bei Glasgow)	Schottland (Großbritannien) (The British Dynamite Co.)
1871	Paulilles (bei Port-Vendres)	Frankreich
1871	McCainsville (jetzt Kenvil bei Dover)	New Jersey, USA (Atlantic Giant Powder Co.)
1872	Schlebusch (bei Köln)	Deutschland
1872	Galdacano (bei Bilbao)	Spanien
1873	(bei) New York	New York, USA (Giant Powder Works)
1873	Isleten (bei Flüelen)	Schweiz
1873	Avigliana (bei Turin)	Italien
1873	Trafaria (bei Lissabon)	Portugal
1873	Preßburg (heute Bratislava)	Österreich-Ungarn (heute ČSSR)

keiten auszufechten, Neider aus dem Feld zu schlagen. Der Erfinder Nobel wurde zum kaufmännischen Organisator Nobel, die Arbeit im Labor mußte er in den folgenden Jahren weitgehend aufgeben. Nobel dürfte wohl als einer der ersten kapitalistischen Unternehmer anzusehen sein, der eine Industrie für die Herstellung eines bestimmten Produktes weltweit organisierte und die finanziellen Verhältnisse dabei so regelte, daß er fast in allen von ihm begründeten Gesellschaften auch über ein entsprechendes Mitspracherecht verfügte.

Zwischen 1865 und 1873 entstanden unter Nobels mittelbarer oder unmittelbarer Mitwirkung mehr als 15 Fabriken. Tafel 2 gibt einen Überblick über diese Betriebsgründungen. In der Regel waren es Aktiengesellschaften mit ortsansässigen Aktionären; außer bei dem Werk in Lysaker besaß Nobel aber stets die Aktienmehrheit.

Über die Entwicklung der Produktion von Dynamit in den ersten zehn Jahren nach seiner Erfindung geben die folgenden Zahlen beredte Auskunft:

1867	11 Tonnen
1868	78 Tonnen
1869	185 Tonnen
1870	424 Tonnen
1871	785 Tonnen
1872	1 350 Tonnen
1873	2 050 Tonnen
1874	3 120 Tonnen
1875	4 000 Tonnen
1876	5 000 Tonnen

Diese Entwicklung kann hier nicht im einzelnen geschildert und diskutiert, vielmehr soll nur die Entstehungsgeschichte der wichtigsten Unternehmen aus dieser Zeit skizziert werden. Dabei ist zu berücksichtigen, daß sich der Aufbau dieser Werke in den verschiedenen Ländern mehr oder weniger parallel vollzog, Nobel also ständig auf Reisen war, da er es für notwendig und selbstverständlich erachtete, selbst die Oberaufsicht zu haben und eine qualitätsgerechte und möglichst unfallsichere Produktion zu gewährleisten. Einige wenige ausgezeichnete Ingenieure, zumeist schwedische Landsleute, leisteten ihm dabei hervorragende Unterstützung.

Ein wichtiges Problem war die Patentierung seiner Erfindungen. Da die chemischen Grundprozesse zur Herstellung des Dynamits relativ leicht nachzuvollziehen waren, fehlte es nicht an Konkurrenten, die ihr eigenes Geschäft zu machen trachteten. Hinzu kam, daß die Patentgesetzgebung noch in den Anfängen steckte. Jedes Land hatte seine eigenen Patentgesetze (auch z. B. jedes der deutschen Länder!) mit unterschiedlichen Bedingungen für die Patenterteilung, den Geltungsbereich, die Rechtswirksamkeit usw. Erst 1883 schlossen eine Reihe von Ländern, darunter Frankreich, Italien und die Schweiz die sogenannte Pariser Verbandsübereinkunft, der auch Großbritannien und die USA von Anfang an zugehörten, während das Deutsche Reich (das ein einheitliches Patentwesen erst seit 1877 besaß) diesen Vereinbarungen sogar bis 1903 fernblieb. – Die Formulierung seiner Patente bereitete Nobel deshalb viel Kopfzerbrechen, noch dazu, weil er keinen Sekretär und auch keinen ständigen juristischen Berater beschäftigte. So mußten für die verschiedenen Länder die einzelnen Patente differenziert beantragt werden, wobei auch solche Dinge zu beachten waren, daß man beispielsweise in vielen Ländern in einem Patent die Anwendung ähnlicher Substanzen nicht erwähnen durfte. Man mußte in solchen Ländern also entweder mehrere Patente beantragen oder gewärtig sein, daß Konkurrenten genügend „Lücken" fanden. Ein zeitraubendes Unterfangen für Nobel.

Die Firma Alfred Nobel & Co. auf dem Krümmel war die erste Auslandsgründung gewesen und bildete in den folgenden Jahren sozusagen die Zentrale für die weiteren Unternehmungen. Zugleich hatte Nobel mit der Gründung 1865 hier auch seinen Wohnsitz genommen, wobei er allerdings in äußerst bescheidenen Verhältnissen lebte. Finanziell bewegte sich das Unternehmen in den ersten Jahren mehr am Rande des Ruins, die eingelagerten Rohstoffe für die Produktion waren zeitweilig verpfändet. Die genannten Explosionskatastrophen hatten zu – wenn auch kurzzeitigen – Absatzschwierigkeiten für das Sprengöl geführt, und die Zerstörung von Krümmel selbst vergrößerte die Probleme noch. Erst durch die Produktionsaufnahme des Dynamits änderte sich die Lage allmählich. In vielen Probesprengungen und Schauversuchen führte Nobel sein Dynamit der Fachwelt vor, um sie von den Vorteilen dieses Sprengstoffs zu überzeugen.

Der neue Sprengstoff, das sogenannte Dynamit, ist nichts anderes als Nitroglycerin in Verbindung mit einem sehr porösen Silikat. Wenn ich ihm einen neuen Namen gegeben habe, so geschah das keinesfalls, um seine wahre Zusammensetzung dahinter zu verbergen, sondern um die neue Form seiner explosiven Eigenschaften allgemein kenntlich zu machen, die sich von der früheren so sehr unterscheidet, daß der neue Name voll gerechtfertigt ist,

sagte er bei einer dieser Vorführungen.

Wenden wir uns in der Diskussion der weiteren Unternehmungen zunächst England zu, dem zu dieser Zeit in der industriellen Entwicklung noch führenden kapitalistischen Staat, in dem Nobel in der Regel zuerst und am umfassendsten versuchte, seine Erfindungen durch Patente zu schützen (vgl. auch Tafel 3). Obwohl er hier die ersten Nitroglycerinpatente bereits 1863 erhielt und am 7. Mai 1867 ein Dynamitpatent, dauerte es relativ lange, bis sich Nitroglycerinsprengstoffe in England durchsetzten. Die schweren Unglücksfälle der Anfangszeiten hatten in England starkes Mißtrauen gegen diesen Sprengstoff erzeugt. Zwar führte Nobel 1867 und 1868 mehrfach vor einem sachkundigen Auditorium Probesprengungen mit Dynamit vor und erläuterte den sicheren Umgang damit, dennoch erließ das englische Parlament am 11. August 1869 eine Verordnung, die Herstellung, Verkauf und Transport von Nitroglycerin und allen Stoffen, in denen es enthalten ist, verbot. Ein Hauptgrund dafür ist wohl darin zu sehen, daß es dem zuständigen Sachverständigen für Sprengstoffe, Prof. Abel, gerade gelungen war, die Schießbaumwolle chemisch zu stabilisieren, und er nun im Dynamit mit Recht einen scharfen Konkurrenten fürchtete. Mehrfache Eingaben an die Regierung bewirkten jedoch, daß Nobel 1871 unter bestimmten Bedingungen die Dynamitproduktion erlaubt wurde, und er trat sofort in Verhandlungen mit schottischen Geldgebern.

Im April 1871 begründete Nobel unter maßgeblichem Einfluß des schottischen Geschäftsmannes John Downie die British Dynamite Co. Ltd. mit Sitz in Glasgow. Von den 2 400 Aktien zu je 10 £ erhielt er 900 als Bezahlung für seine Patente, weitere 300 erwarb er selbst, so daß er über die Hälfte der Aktien verfügte. – Als Beweis für den Wert der Nobelschen Erfindung und der Rentabilität des Unternehmens kann man ansehen, daß sich der Wert dieses Aktienkapitals in nur 4 Jahren verzehnfachte.

Als geeigneten Platz für die Errichtung der Dynamitfabrik wählte

5 In der Dynamitfabrik von Ardeer

Nobel den Ort Ardeer an der Westküste Schottlands aus. Die Leitung des Fabrikaufbaus übertrug er Liedbeck, der dazu von Vinterviken herüberkam. Am 13. Januar 1873 nahm das Werk die Produktion auf, und es entwickelte sich im Laufe des Jahrzehnts zu einem der größten der Welt. Um 1880 bestand es aus 45 Gebäuden mit mehreren hundert Arbeitern, hatte eine Jahresproduktion von etwa 1 000 Tonnen verschiedenartiger Dynamite und 1 400 Tonnen Nitroglycerin und zahlte seinen Aktionären eine Dividende von 12–20 %. Tochtergesellschaften entstanden in Südafrika, Kanada, Japan und Belgien.

Hatte Nobel sich in England gegen einen Konkurrenten mit einem anderen Produkt durchzusetzen (Abels Schießbaumwolle), so traf er insbesondere in Rußland und Amerika auf Konkurrenten, die das gleiche Produkt auf dem Markt anboten, teilweise unter Umgehung verschiedener Patente, teilweise indem sie sich selbst als die Erfinder bezeichneten.

In Rußland bestand für Nobel keine Chance, ein Patent anzumelden. Bei den bereits erwähnten Versuchen Zinins in den Jahren 1853/54 war auch der Ingenieur-Offizier Vasilij Fomič Petruševskij beteiligt. Er beschäftigte sich in den folgenden Jahren sehr intensiv mit Nitroglycerin, vor allem für den Einsatz in Minen. Im

Juni/Juli 1863 brachte er 10 kg Nitroglycerin zur Explosion, und danach wurde in Rußland für militärische Zwecke die Produktion aufgenommen. Das Dynamit hatte Petruševskij möglicherweise sogar etwas eher als Nobel gefunden. Jedenfalls gibt Petruševskij Ende 1866 eine Sprengstoffmischung von 75 % Nitroglycerin und 25 % Magnesia (ein ebenfalls recht geeigneter Adsorptionsstoff) an[1], und er entwickelte entsprechende Methoden zu ihrer Herstellung und Anwendung. General Totleben, mit dem die Familie Nobel in früheren Jahren geschäftlichen Kontakt hatte, führte gegenüber dem Kriegsministerium aus:

... wenn die Verfahren zur Bereitstellung des Nitroglycerins in größeren Mengen und seiner Anwendung zu Sprengungen, wie sie von Oberst Petruševskij entdeckt wurden, nicht geheimgehalten worden wären, so würden alle materiellen Vorteile, die Nobel daraus zieht, ihm zuteil geworden sein, weil er im Ausland hätte Patente nehmen können ... (Zit. nach [2, S. 2614])

In späteren Jahren wurde ein Teil des russischen Dynamitbedarfs über andere europäische Nobel-Werke gedeckt, vor allem aus der Fabrik Krümmel. Die Geschäfte wurden dabei über die Société Franco-Russie des Dynamites in Petersburg abgewickelt, deren Generalvertretung Ludwig Nobel inne hatte.
In den USA setzte nach Beendigung des Sezessionskrieges 1865 eine große Industrialisierungswelle ein. Durch Landspekulationen, Eisenbahnbau und Ausbeutung der zusätzlichen Märkte in den Südstaaten eröffneten sich neue Profitquellen. Für die verschiedenen Bauvorhaben und die notwendige Neuerschließung von Bergwerken wurden große Mengen Sprengstoff benötigt, und das Nitroglycerin kam gerade recht.
In Nordamerika wird George Mordey Mowbray als Pionier des Nitroglycerins angesehen. Er war der erste, der hier Nitroglycerin kommerziell herstellte. Geborener Engländer, hatte er in Frankreich und Deutschland studiert und betrieb zuletzt eine Ölraffinerie in Pennsylvania, bevor er sich 1866 dem Nitroglycerin zuwandte. Erwähnt wurde bereits, daß 1865 Bürstenbinder im Auftrage Nobels bei New York Sprengversuche durchführte. Die Zei-

[1] Aus den dem Autor zugänglichen Materialien geht nicht klar hervor, ob Nobel den diesbezüglichen Artikel Petruševskijs aus der Novembernummer (1866) der Zeitschrift „Techničeskij Sbornik" kannte; ausgeschlossen ist es nicht. Nach Averbuch [1, S. 26] machte Petruševskij entsprechende Angaben bereits in seinen Chemievorlesungen im Jahre 1860. Andererseits anerkannte Petruševskij in einer späteren Arbeit die Priorität Nobels.

tungen berichteten darüber, und in der Zeitschrift „Scientific American“ erschienen 1866 mehrere Artikel, in denen die Herstellung des Nitroglycerins beschrieben wurde. Mowbray studierte diese Nachrichten aufmerksam und erkannte seine Chance. Zugleich entwickelte er eine Reihe kleinerer produktionstechnischer Verbesserungen und nahm Ende 1866 die Produktion auf.

Während Petruševskij offensichtlich als eigenständiger Erfinder anzusehen ist, der seine Ergebnisse unabhängig von Nobel erarbeitete, wenn wir vom gemeinsamen Ausgangspunkt in Zinins Labor absehen und ebenso die Frage hier offen lassen, wer nun absolut der erste war, nutzte Mowbray also eindeutig Nobels Erfindung und dabei die noch offene Patentlage.

Mowbrays erster großer Erfolg war der Auftrag, das Nitroglycerin für den Bau des Hoosac-Tunnels in North Adams/Massachusetts zu produzieren. Ende Oktober 1867 errichtete er in der Nähe des Bauplatzes seine Fabrik. Von hier aus belieferte er noch weitere Eisenbahnbaustellen in Amerika.

Zugleich mit der Werbeanzeige Mowbrays im „Scientific American“ vom 8. Dezember 1866 erschien zufällig eine zweite, die der United States Blasting Oil Company, gegründet am 27. Juni 1866 unter maßgeblicher Beteiligung von Nobel und Talliaferro Preston Shaffner. Letzterer war ein gerissener Geschäftsmann, der zeitweilig als Jurist und als Präsident einer Telegraphengesellschaft tätig war, bis er bei einem längeren Europaaufenthalt das Nitroglycerin kennenlernte, selbst damit experimentierte und mehrfach vergeblich versuchte, mit Nobel in geschäftliche Beziehungen zu treten. In die jetzt geschlossene Verbindung war Nobel mehr oder weniger gezwungenermaßen eingetreten, wenn er überhaupt auf dem amerikanischen Kontinent Fuß fassen wollte.

Nobel wurde sein grundlegendes Patent in den USA am 24. September 1865 erteilt, und Bürstenbinder, der Nobels Sprengöl in Amerika popularisieren sollte, traf im Januar 1866 erste Abmachungen über die Gründung einer Gesellschaft, ohne dazu direkt befugt zu sein. Shaffner strengte gegen Nobel einen Patentprozeß an, und Nobel reiste im April 1866 nach New York, um die Angelegenheit zu ordnen. Gemeinsam mit New Yorker Aktionären einigte man sich, und mit einem Aktienkapital von 1 Million Dollar wurde die obengenannte Gesellschaft gegründet. Nobel erhielt ein Viertel dieser Summe in freien Aktien und 20 000 Dollar für sein Patent. Doch war das Geld nicht voll verfügbar, und verschiedene Intrigen und Manipulationen kamen hinzu, jedenfalls zog sich der Bau der Fabrik über längere Zeit hin, so daß beispielsweise Mowbray den Auftrag für den Hoosac-Tunnel erlangen konnte.

Inzwischen hatte Nobel in Kalifornien Aktivitäten entwickelt. Julius Bandmann, ein Bruder von Nobels Hamburger Partner, betrieb erfolgreiche Werbung für Nobels Sprengöl. Eine Nitroglyceringesellschaft konnte dort jedoch nicht gegründet werden, da Nobel den Vertrag mit der U.S. Blasting Oil Co. geschlossen hatte und diese entsprechende Verhandlungen nur schleppend führte. Nachdem Nobel das Dynamit erfunden hatte, boten sich neue Möglichkeiten, und sein Hamburger Teilhaber Theodor Winkler reiste im Juni 1867 nach San Franzisko, um Verhandlungen einzuleiten.

Im August 1867 wurde in San Franzisko die Giant Powder Company gegründet, die als erste Fabrik in Amerika Dynamit produzierte. Bald ergaben sich jedoch Streitigkeiten mit der U.S. Blasting Oil Co. um die Rechte für das Dynamit. Im Resultat dieser Streitigkeiten gründeten die beteiligten Interessengruppen 1870 schließlich die Atlantic Giant Powder Co.; Nobel mußte dabei auf einen Teil seiner Rechte verzichten.

Die Entwicklung der Sprengstoffindustrie in den USA widerspiegelt eindringlich den rücksichtslosen Konkurrenzkampf und -neid und das maßlose Profitstreben gewissenloser Geschäftemacher unter kapitalistischen Bedingungen. Leider kann in diesem Buch nicht näher darauf eingegangen werden (vgl. z. B. [10]). Es sei hier nur angemerkt, daß die Atlantic Giant Powder Co. eine sehr erfolgreiche Entwicklung nahm. Nach Nobels Tod liierte sie sich mit der großen Schießpulver-Gesellschaft Du Pont de Nemours & Co., im Jahre 1865 einer der schärfsten Widersacher gegen Nobels Sprengöl. Heute ist Du Pont der größte Chemie-Konzern der USA.

Geschäftlich hatte Nobel insgesamt gesehen in Amerika eine Niederlage erlitten; das zweifelhafte und z. T. betrügerische Geschäftsgebaren war ihm zuwider. In einem Brief äußerte er:

> Auf die Dauer finde ich das Leben in Amerika alles andere als angenehm. Die übertriebene Jagd nach dem Geld ist ein Zeichen von Kleinlichkeit, die der menschlichen Begegnung viel von ihrem Angenehmen raubt und das Gefühl für Ehre zerstört zugunsten von eingebildeten Notwendigkeiten.

Nach der Reise von 1866 ist er nicht wieder nach Amerika gefahren. 1885 verkaufte er auch seine letzten Aktien der Giant Powder Companies.

In Frankreich hatte Nobel ebenfalls bereits 1865 versucht, seinen Nitroglycerinsprengstoff einzuführen. Die Schwierigkeit bestand hier darin, daß die Schwarzpulverherstellung Staatsmonopol war, und dieses wollte man auch auf die neuen Sprengstoffe ausdehnen. Im Sommer 1868 lernte Nobel den Ingenieur und Artilleriehauptmann Paul Francois Barbe kennen, dessen Vater eine Fabrik in Liverdun besaß. Ihn konnte er für das Dynamit interessieren, aber die französische Regierung lehnte den Aufbau einer Dynamitfabrik weiterhin ab. Erst der deutsch-französische Krieg brachte eine Wende. Die deutsche Armee setzte Dynamit zur Sprengung französischer Brücken und Gebäude ein, und auf Drängen des französischen Generalstabes wurde nun in aller Eile in Paulilles in Südfrankreich eine Dynamitfabrik errichtet. Im Herbst 1871 schloß die Nationalversammlung in Folge der Ereignisse um die Pariser Kommune dieses Werk allerdings wieder, und erst im Jahre 1875 konnte eine reguläre Produktion größeren Umfangs aufgenommen werden.

Nobel hatte sich um die politischen Hintergründe des deutsch-französischen Krieges nicht gekümmert und keine Position bezogen. Barbe fühlte sich beim Aufbau des Werkes in Paulilles durchaus als französischer Patriot und wollte damit den Kampf gegen Deutschland unterstützen. Die Ereignisse brachten es mit sich, daß das in dieser Fabrik produzierte Dynamit dann auch von den Pariser Kommunarden eingesetzt wurde. Wenngleich Barbe sich nicht mit den freiheitlichen Zielen der Pariser Kommune identifizierte, so war dies für die verschreckte französische Bourgeoisie doch Grund genug zur Schließung der Fabrik, um damit der privaten Produktion von Sprengstoffen Einhalt zu gebieten.

Barbe hatte sich als umsichtiger und geschickter Organisator erwiesen, und Nobel übertrug ihm deshalb von 1876 bis 1880 die Leitung des Hamburger Werkes. Ab 1881 war er Generaldirektor der Société Centrale de Dynamite Paris.

Das Werk in Krümmel wurde 1866 und 1870 durch Explosionen zerstört; 1876 erfolgte ein erweiterter Wiederaufbau. Die dabei neuformierte Dynamit-Actien-Gesellschaft vormals Alfred Nobel & Co. erhielt ihren Sitz in Hamburg. Alfred Nobel war bis 1879

Vorstandsvorsitzender und bis zu seinem Tode Aufsichtsratmitglied. Bei Gründung der Dynamit AG betrug das Aktienkapital 3,5 Millionen Mark (wovon Nobel und Barbe die Mehrheit besaßen); in dieser Zeit wurde ein jährlicher Gewinn von etwa 1 Million Mark erzielt. Bis 1918 wurde das Aktienkapital auf 36 Millionen Mark gesteigert.

Nobels Hauptanliegen war es, seine Sprengstoffe für friedliche Zwecke einzusetzen: als Hilfsmittel im Berg-, Straßen- und Eisenbahnbau. In seinen umfangreichen Aufzeichnungen und Korrespondenzen finden sich nur wenige Hinweise auf Sprengstoffanwendungen im Kriege, sei es im Krimkrieg, im deutsch-französischen Krieg oder bei anderen Gelegenheiten. Aber er ist diesen Anwendungen auch nicht entgegengetreten, sondern hat den wirtschaftlichen Nutzen, den sie seinen Produktionsstätten brachten, akzeptiert und hat es in scheinbarer Neutralität hingenommen, daß z. B. sein Werk in Krümmel die preußisch-deutsche Armee, sein Werk in Paulilles dagegen die französische Armee belieferte. Damit stellte er sich praktisch auf den gleichen, am Profit orientierten Standpunkt, wie im 1. und 2. Weltkrieg die deutschen Großkonzerne (beispielsweise Krupp oder Siemens AG).

Übersiedelung nach Paris – weitere Erfindungen

In Europa schossen die Dynamitfabriken fast wie Pilze aus dem Boden, und Nobel reiste von einer Produktionsstätte zur anderen. Überall hatte er sich ein kleines Laboratorium eingerichtet, so daß er die wenige verbleibende Zeit für die Verbesserung seiner Sprengstoffe nutzen konnte.

Doch immer stärker fühlte der nunmehr Vierzigjährige, daß es an der Zeit sei, sich nach einem festen Wohnsitz umzusehen, wo er von der Alltagshast etwas ausruhen konnte. Zwar hatte er nach wie vor seine schwedische Staatsbürgerschaft, und so oft es ging, wenigstens aber jährlich zu ihrem Geburtstag, besuchte er in Stockholm seine Mutter. Als „europäischer Geschäftsmann" wollte er sich jedoch irgendwo im Zentrum Europas niederlassen. Sprachprobleme hatte er nicht; zudem fühlte er sich seit frühester Jugend als Kosmopolit und lebte im Grunde nach seinem Wahlspruch: „Meine Heimat ist da, wo ich Arbeit habe, und ich arbeite überall."

Eine besondere Vorliebe hatte er seit seinem ersten Aufenthalt in dieser Stadt für Paris. Sowohl in kommerzieller als auch in kultureller Hinsicht war das Paris jener Zeit ein Zentrum des europäischen Kontinents, und so beschloß er, hier seinen Wohnsitz zu nehmen. In der Avenue Malakoff, einer Straße in dem neuentstandenen vornehmen Viertel im westlichen Paris nördlich der Seine kaufte er das Haus Nr. 53. Ihn mag dabei gereizt haben, daß diese Gegend im damaligen Randgebiet von Paris noch relativ ruhig und grün gelegen, andererseits das Stadtzentrum aber schnell zu erreichen war.[1] Ganz in der Nähe wohnte der große

6 Nobels Haus in der Avenue Malakoff 53 in Paris [3]

[1] So war es nur ein knapper Kilometer bis zum berühmten Triumph-

französische Romancier Victor Hugo, den Nobel sehr schätzte und mit dem er gut bekannt war.
Das Haus war nicht pompös, aber im Vergleich zu Nobels bisherigen Lebensverhältnissen und -gewohnheiten relativ groß und vornehm, mit Empfangsraum, Wintergarten, Stallung für sein Pferdegespann und einem Garten. Auch ein kleines Laboratorium richtete Nobel sich hier ein und engagierte nun sogar einen Privatassistenten, den jungen französischen Chemiker Georges D. Fehrenbach. Soviel Zeit, wie Nobel von seinen kaufmännisch-organisatorischen Pflichten erübrigen konnte, widmete er in seinem Labor der weiteren Forschung; häufig waren es nur die Nachtstunden.

Nobel war davon überzeugt, daß jede technische Neuerung, wie erfolgreich sie auch war, nur ein Glied in der Kette der ununterbrochenen Entwicklung bildete. Deshalb machte er sich an die systematische Überprüfung einiger seiner früheren Erfindungen, wobei er seine besondere Aufmerksamkeit auf sein Gurdynamit lenkte,

schreibt Bergengren [3, S. 98]. Vor allem empfand er es als Nachteil, daß die Kieselgur bei der Explosion inaktiv war und damit die Sprengkraft des Dynamits minderte. Außerdem bestand bei Druck oder Feuchtigkeitseinwirkung die Gefahr des Ausschwitzens von Nitroglycerin.
Der Verminderung der Sprengkraft versuchten viele Sprengstofftechniker dadurch entgegenzuwirken, daß sie kohlenstoff- oder sauerstoffhaltige Substanzen als Adsorptionsmittel benutzten. Aber die Grundidee dazu war eigentlich bereits in Nobels erstem schwedischen Patent von 1863 enthalten (wo er Schwarzpulver als Adsorptionsmittel angab) und in einem englischen Patent von 1868 erweitert worden. In den anglo-amerikanischen Ländern wurden solche Sprengstoffe als Dynamite mit „active dope“ (wirksamer Zusatz) bekannt. Wesentliche Verbesserungen gegenüber dem Gurdynamit erzielte man damit jedoch nicht, und so wurde beispielsweise in Bergwerken nach wie vor das Nitroglycerinsprengöl angewendet, wenn besonders wirksame Sprengungen notwendig waren.

---

bogen. – Die Straße war benannt nach der Festung Malakov bei Sevastopol, die im Krimkrieg von den Franzosen erobert wurde. 1891 erhielt das Haus die Hausnummer 59. 1920 benannte man diesen Teil der Straße südlich der Av. Victor Hugo in Av. Raymond Poincaré um, und Nobels Haus erhielt die Nummer 74. Heute befindet sich darin eine Botschaft.

Es war also ein Sprengstoff zu suchen, der die Sprengkraft des Nitroglycerins mit der sicheren und leichten Handhabung des Dynamits verknüpfte. Schon in seinem schwedischen Patent von 1863 hatte Nobel auf die Möglichkeit hingewiesen, Nitroglycerin mit Schießbaumwolle zu mischen, aber die Adsorptionsfähigkeit der Schießbaumwolle für Nitroglycerin war vergleichsweise gering, und eine geeignete Lösung von Schießbaumwolle in Nitroglycerin herzustellen, gelang nicht. Diesem Problem wandte sich Nobel nun wieder zu.

Ein äußerer Zufall sollte den Anstoß für die Erkenntnis des richtigen Lösungsweges liefern. Nach eigener Darstellung habe er sich [25, S. 131 f.] eines Tages in den Finger geschnitten und Kollodium auf die Wunde gestrichen. Kollodium ist eine Lösung von Kollodiumwolle, d. h. niedrignitrierter Zellulose (Zellstoff oder Baumwolle) in Alkohol und Äther, die u. a. als Mittel zum Wundverschluß dient und in der Lackfarben- und Filmindustrie früher eine große Rolle spielte. Als ihn nachts der Wundschmerz nicht schlafen ließ und er über dieses Problem nachdachte, kam ihm die Idee, es mit einer dem Kollodium ähnlichen, nicht sehr stark nitrierten Zellulose zu versuchen. Er ging sofort in sein Laboratorium hinunter, um diesen Gedanken in die Tat umzusetzen, und es gelang. Das war die Geburt der „Sprenggelatine", einer kolloiden Lösung von Nitrozellulose (Schießbaumwolle) spezifischer Beschaffenheit in Nitroglycerin (ungefähr 8 Teile Kollodium auf 92 Teile Sprengöl).

Von der Ankündigung dieses neuen Sprengstoffs durch das englische Patent Nr. 4179 von 1875 bis zur Anwendungsreife (deutsches Patent Nr. 4829 vom 28. 2. 1878) war noch ein anstrengender Weg zurückzulegen, aber die Prinziplösung war gefunden. Es waren sowohl die geeignetste Qualität der Nitrozellulose herauszufinden als auch die entsprechenden Apparaturen für die großtechnische Produktion zu konstruieren. Bei letzterem war insbesondere wieder Liedbeck beteiligt.

Die Sprenggelatine wies viele Vorteile auf. Je nach Gehalt an Nitrozellulose konnte sie in unterschiedlicher Konsistenz für die verschiedensten Anwendungserfordernisse hergestellt werden. Sie ist widerstandsfähig gegen Feuchtigkeit, relativ unempfindlich gegen Erschütterungen und hat sogar eine etwas höhere Sprengkraft als reines Nitroglycerin. In den verschiedensten Mischungen wurde sie als Nobels Extradynamit, Expreßdynamit, Saxonit u. a. auf den Markt gebracht. Das Werk in Ardeer allerdings erhielt von der britischen Regierung erst 1884 die Produktionsgenehmigung für die Sprenggelatine, als Prof. Abel, den Nobel „den ausgezeichneten Verteidiger der Schießbaumwolle in England" nannte, öffentlich erklärte, Nobels Sprenggelatine sei „in jeder Hinsicht das vollkommenste Sprengmittel, das bekannt ist" [3, S. 101].

Die Unempfindlichkeit gegen Wassereinwirkung machte Sprenggelatine auch für Unterwassersprengungen geeignet. Zum anderen boten sich jetzt umfangreichere militärische Anwendungsmöglichkeiten (z. B. in Minen und Granaten).

Nobel ließ sich nach 1875 ein größeres und moderneres Labor in Sévran-Livry nördlich von Paris bauen, wo er hoffte, in Ruhe seine Forschungen weiterzuführen. In der Nähe befand sich auch ein

7 Nobels Labor in Sévran bei Paris [25]

Schießplatz, auf dem er militärische Einsatzmöglichkeiten testen konnte. Seine kommerziellen und organisatorischen Pflichten ließen ihm aber weiterhin zu wenig Zeit für ausgedehntere experimentelle Arbeiten.

Nobels Sprengöl und Dynamite hatten das alte Schwarzpulver auf dem Einsatzgebiet als Sprengstoff weitestgehend verdrängt, aber als Schießpulver, d. h. also als Treibstoff bzw. Antriebsstoff, konnte das Schwarzpulver noch seinen Platz behaupten. Ein Nachteil des

Schwarzpulvers machte aber den Pulverexperten in bezug auf eine moderne Kriegsführung immer mehr zu schaffen: die recht starke Rauchentwicklung. Vor allem durch die schnellere Feuergeschwindigkeit der neuentwickelten Magazingewehre wurde die Rauchentwicklung immer störender.
In dem Bestreben, die Anwendungsmöglichkeiten seiner Sprengstoffe weiter auszubauen, widmete sich Nobel Ende der siebziger Jahre diesem Problem. Ausgangspunkt war dabei die in der Sprenggelatine verwirklichte Idee, Nitroglycerin und Schießbaumwolle miteinander zu mischen. Zu Fortschritten kam er aber erst, nachdem er in den achtziger Jahren mit dem Zelluloid näher bekannt geworden war. In seiner französischen Patentschrift von 1887 (Nr. 185 179) führte er dazu aus:

> Der Stoff, der unter dem Namen Zelluloid bekannt ist, enthält in der Regel ungefähr zwei Drittel seines Gewichts nitrierte Baumwolle, aber wegen des Kampfergehalts und der kompakten Konsistenz ist die Verbrennung des Zelluloids, auch wenn es feinkörnig ist, zu langsam, als daß es als Antrieb für Geschosse zu gebrauchen wäre. Versuche haben indessen erwiesen, daß man durch ganzen oder teilweisen Ersatz des Kampfers mit Nitroglycerin eine Art Zelluloid herstellen kann, das hinlänglich konsistent ist, zu Körnern geformt zu werden, und das, wenn man es als Ladung in Feuerwaffen verwendet, mit der gemäßigten Verbrennungsgeschwindigkeit verbrennt, die zur Verwendung des Stoffes als Ersatz für Schwarzpulver nötig ist, vor dem es folgende Vorteile hat: es hat eine größere Kraftentwicklung, hinterläßt keine Rückstände und ist rauchlos oder beinahe rauchlos. [25, S. 136 f.]

Dieses Pulver bestand zu etwa gleichen Teilen aus Nitroglycerin und Nitrozellulose mit einem Zusatz von 10 % Kampfer. Es konnte ohne Gefahr zwischen heißen Walzen gewalzt werden und sich in beliebige Formen, z. B. Streifen oder Röhren, pressen lassen, wodurch einfache Verarbeitung und Transport ermöglicht wurden. Nobel nannte dieses Pulver „Ballistit“, in Schweden wurde es „Nobelpulver“ genannt. Als erste entschloß sich die italienische Regierung, Ballistit in ihrer Armee einzuführen, und schloß 1889 einen entsprechenden Vertrag mit Nobels Vertreter. Frankreichs Schießpulver-Monopolgesellschaft hatte Nobels Angebot mit der Begründung zurückgewiesen, man habe seit 1884 das von Paul M. E. Vieille entwickelte äußerst raucharme Pulver. Nun aber befürchtete die französische Regierung die Konkurrenz und mögliche militärische Überlegenheit Italiens, noch dazu, da man mit Italien gerade ein politisch sehr gespanntes Verhältnis hatte, und

entfesselte eine Kampagne gegen Nobel, die schließlich dazu führte, daß er 1891 Frankreich verließ (siehe Kapitel „Die letzten Lebensjahre ...").
Aber nicht nur mit den Explosivstoffen hatte sich Nobel in den 18 Jahren seines Pariser Aufenthaltes beschäftigt. Neben einer ganzen Reihe von Verfahrensverbesserungen für die Sprengstoffherstellung bzw. der Vorbereitung der entsprechenden Rohstoffe beschäftigte er sich auch mit gänzlich anderen Fragen. So ließ er 1878 eine automatische Bremse für Lokomotiven patentieren sowie einen explosionssicheren Dampfkessel, 1879 ein Verfahren zur Reinigung von Gußeisen, 1884 ein Desinfektionsmittel mit Kohlenoxid. Hinzu kamen ab Mitte der siebziger Jahre eine ganze Reihe Erfindungen und verfahrenstechnischer Experimente zur Erdöldestillation und zur Nutzung des Erdöls, die mit den Unter-

Tafel 3: Patente Alfred Nobels (Auswahl)

Nach einer Aufstellung für seine Vermögensbilanz (für die Testamentsvollstreckung) hatte Nobel mindestens 355 Patente in den verschiedensten Ländern. Da er stets versuchte, die Erstpatentierung in England vornehmen zu lassen, dürfte nachstehende Liste der englischen Patente am ehesten eine Übersicht über die Vielseitigkeit des Erfinders Nobel geben (nach [25] zusammengestellt). Verschiedene Patentanmeldungen waren nur provisorisch (mit einem * versehen) und nicht weiter beschrieben — also offenbar auch nicht ausgearbeitet. Sicher wollte sich Nobel damit beschäftigen, wenn er die nötige Zeit fand.

Brit. Patent Nummer	Jahr	Bezeichnung
2507	1857	Gasmessungsapparat
177	1859	Apparat zum Messen von Wasser oder anderen Flüssigkeiten
556	1859	Konstruktion von Barometern oder Manometern
2359	1863	Verbesserungen bei der Herstellung von Schwarzpulver und Sprengpulver
1813	1864	Verbesserung bei der Herstellung und Anwendung von Sprengstoff
1345	1867	Verbesserter Sprengstoff und Zündmittel für diesen
442	1869	Sprengstoff
1570	1873	Verbesserung in der Sprengstoffherstellung
4342	1874	Methode zur Herstellung von Schwefelsäure
153	1875	Brenner für Beleuchtungszwecke

Fortsetzung Tafel 3

Brit. Patent Nummer	Jahr	Bezeichnung
4179	1875	Verbesserter Sprengstoff (Sprenggelatine oder Gelatindynamit)
224p	1879	Apparat zur Vergasung von Flüssigkeiten
2314	1879	Reinigung von Gußeisen
2399	1879	Verbesserung bei der Sprengstoffherstellung
5383	1884	Verbesserung bei der Verdunstung und Konzentration von Flüssigkeiten
9022	1885	Behältnis für hygroskopische Sprengstoffe
14053*	1885	Methode, Gestein durch Hitze zu sprengen
8031*	1886	Mittel, den Rücklauf der Geschütze zu vermindern
16656	1886	Verbesserung von Sprengstoffen und deren Anwendung, besonders in Geschossen und Torpedos
926	1887	Feuerwaffen und Geschosse dafür
16919	1887	Verbesserter Zünder
16920	1887	Sicherheitssprengstoff
1470	1888	Sicherheitssprengstoff
10721*	1888	Sicherheitsvorrichtung gegen Feuersbrünste in Gebäuden
2562*	1891	Raketen und Verfahren, sie abzuschießen
11212	1891	Verbessertes Verfahren, unter Druck Gas für Motorantrieb darzustellen
17241*	1892	Verfahren, Stickstoffverbindungen darzustellen
10224*	1893	Ersatz für Panzerplatten und Schilde
12148*	1893	Verfahren zur Herstellung von Kunstseide
16996*	1893	Verfahren, Metalle zu schweißen und zu löten
20234	1893	Künstlicher Gummi
20467	1893	Verbesserte Zündschnur für Bergwerke und ähnliche Zwecke
20891*	1893	Verbesserungen an Phonographen und Telephonen
22274*	1893	Verbesserungen an elektrischen Batterien
7642*	1894	Kunstseide und Ersatzstoffe für Pflanzenfasern
11346	1895	Verbesserung bei der Schmiedung ausgebohrter Metallgegenstände
12384	1895	Verbesserung der Gasdichtung für Geschosse
13689*	1895	Verbesserte Herstellung von Glühlampen
15228*	1895	Verfahren, die Temperatur und Leuchtkraft von Flammen zu erhöhen
6431	1896	Sprengstoffverbesserung
10118	1896	Verbessertes Verfahren, photographische Karten oder Landmessungen zu machen

nehmungen seiner Brüder, an denen er sich beteiligte, zusammenhingen und über die noch berichtet wird.
Die Tafel 3 gibt einen groben Überblick über die Vielseitigkeit des Erfinders Nobel anhand einer Auswahl aus seinen englischen Patenten, da er in diesem Lande die meisten seiner Erfindungen patentieren ließ.

Trustbildungen

War Nobel in den ersten zehn Jahren nach Erfindung seines Sprengöls und später des Dynamits damit befaßt, in aller Welt seine Erfindung patentrechtlich zu schützen und die Produktion aufzubauen sowie geeignete Leiter und Arbeiter für seine Fabriken zu finden, so bereitete ihm nun die profitträchtige Ausweitung und Absicherung seiner Unternehmen Kopfzerbrechen. War er auf dem Gebiet der Chemie im wesentlichen Autodidakt, so noch weit mehr auf kommerziellem Gebiet. Um so mehr sind sein Organisationstalent und seine finanzpolitischen Fähigkeiten zu bewundern. Bei aller Anerkennung dieser Leistung darf nicht übersehen werden, daß Nobel ganz klar im Interesse kapitalistischen Unternehmertums handelte und im Grunde genauso zielstrebig seine Profitinteressen vertrat wie seine Konkurrenten. Daß er dabei teilweise weniger rücksichtslos vorging als diese, hat sicher verschiedene Ursachen, die differenziert zu werten sind. Dabei spielen zweifellos die Geradheit und Bescheidenheit seines Charakters, seine humanistische Gesinnung und sein Erfinderethos, wie sie von bürgerlichen Biographen gern hervorgehoben werden, eine wichtige Rolle, sollten aber nicht überbewertet werden.
Nicht nur der Konkurrenzkampf mit anderen Firmen machte Nobel in den siebziger Jahren zu schaffen, sondern auch die Tatsache, daß sich die Nobel-Gesellschaften untereinander die Absatzmärkte streitig zu machen versuchten.
Unterstützt vor allem durch Barbe, war Nobel deshalb zwischen 1873 und 1885 damit beschäftigt, die einzelnen Gesellschaften entsprechend anzugleichen und in eine straffere Organisation zu bringen. Zunächst versuchte er durch Gründung übergeordneter Gesellschaften, die Aktivitäten in den einzelnen Ländern zu zentralisieren und zu koordinieren. So entstand 1875 die Société Générale

pour la Fabrication de la Dynamite et des Produits Chimiques mit Sitz in Paris (Anfangskapital 3 Millionen Francs). Die schweizerischen und italienischen Werke gingen in der Société Anonyme Dynamite Nobel mit Sitz in Isleten auf, Spanien und Portugal wurden durch die Sociedad Anónima Española de Dinamita in Bilbao vertreten. Die deutschen Konkurrenten waren zunächst nur zu sehr lockeren Kartellabsprachen bereit, und so wurde einzig das Werk in Krümmel 1876 zur Dynamit-Actien-Gesellschaft vormals Alfred Nobel & Co. umgewandelt.

In Paris richtete Nobel außerdem 1875 ein internationales technisches Beratungsbüro ein unter dem Namen Syndicat des Fabriques de Dynamite. Es sollte allen Dynamitwerken zur Verfügung stehen, und zu seinem Leiter wurde Liedbeck berufen.

Die weitere Konzentration des Kapitals gegen Ende des vorigen Jahrhunderts auf dem internationalen Markt zwang Nobel zur noch stärkeren Monopolisierung seiner Unternehmen.

> Diese Verwandlung der Konkurrenz in das Monopol ist eine der wichtigsten Erscheinungen – wenn nicht die wichtigste – in der Ökonomik des modernen Kapitalismus ...,

stellte Lenin fest [18, S. 201 f.]. Mit der Begründung der Standard Oil Co. (1882) durch John Davison Rockefeller in den USA begann in der Monopolentwicklung das Stadium der Trustbildungen.

Nobel faßte 1886 seine Dynamit-Gesellschaften in zwei umfassenden Trusts zusammen, dem englisch-deutschen Trust und dem Trust der romanischen Länder.

The Nobel Dynamite Trust Co. Ltd. hatte ihren Sitz in London (Aktienkapital 2 Millionen Pfund Sterling). Zu ihr gehörten:

- Nobel's Explosives Co., Glasgow,
- Dynamit AG vormals Alfred Nobel & Co., Hamburg,
- Rheinische Dynamitfabrik, Opladen,
- Deutsche Sprengstoff AG, Hamburg,
- Dresdner Dynamitfabrik, Dresden.

Natürlich waren auch die entsprechenden Tochtergesellschaften einbezogen. Außerdem gab es noch zahlreiche Unterstrukturen. So bildeten die genannten vier deutschen Unternehmen die Deutsche Union. Bald darauf wurden noch zwei britische sowie drei Gesellschaften in Mexiko und Südamerika einbezogen; 1897 kam

die australische Gesellschaft Australian Explosives and Chemical Co., Melbourne hinzu. Der Trust verzeichnete hohe Gewinne und zerfiel erst infolge der widerstreitenden imperialistischen Interessengegensätze während des 1. Weltkrieges.[1]
Das Zentrum des romanischen Trusts war die französische Produktionsgesellschaft mit Sitz in Paris. Er umfaßte daneben die spanischen, portugiesischen und schweizerisch-italienischen Gesellschaften mit den entsprechenden Tochtergesellschaften (einschließlich Mittel- und Südamerika); seine Bezeichnung war Société Centrale de Dynamite (Aktienkapital 16 Millionen Francs).
War Barbe die zentrale Figur im romanischen Trust, so der Engländer Henry de Mosenthal im britisch-deutschen Trust. Zwischen beiden Trusts bestanden Absprachen über Preise und Absatzgebiete. Immer neue Werke kamen hinzu, die Produktion beschränkte sich nicht mehr nur auf Sprengstoffe und die entsprechenden technischen Ausrüstungen; eine breite Palette chemischer Produkte bis zu Zelluloseprodukten, Düngemitteln und dgl. mehr kam hinzu. Natürlich waren die Monopole voll ins Rüstungsgeschäft integriert, sowohl mit den Sprengstoffen und Zündern als auch mit Speziallegierungen, die für Flintenkugeln, Patronen, Kabel usw. benötigt wurden. Tafel 4 gibt einen Überblick über die ungefähre Sprengstoffproduktion der Nobel-Werke in Nobels Todesjahr 1896. Bergengren hebt hervor:

In den Nobel-Werken gab es zu Alfred Nobels Lebzeiten keine Streiks und auch keine Aussperrungen der Arbeiter, nicht einmal in Krisenzeiten ... Die Leute wurden im Vergleich zu anderen Industrien gut bezahlt, und die Nobel-Gesellschaften waren mit ihren sozialen Einrichtungen ihrer Zeit weit voraus. [3, S. 121]

Aus solchen Feststellungen sollten keine voreiligen Schlußfolgerungen gezogen werden; ähnliche Erscheinungen lassen sich bei einer Reihe anderer Großunternehmen in jener Zeit ebenfalls beobachten, beispielsweise bei Siemens & Halske in Berlin und den Zeiss-Werken in Jena. Sicher spielt hierbei eine Rolle, daß die Begrün-

---

1 Während sich die britische Linie dieser Gesellschaften 1920 in London zu Nobel Industries Ltd. zusammenschloß und 1926 dem Großkonzern Imperial Chemical Industries Ltd. (I. C. I.) beitrat, verband sich die deutsche Firmengruppe Dynamit Nobel mit dem I. G. Farben-Konzern. Auf die weitere Entwicklung nach dem 1. und auch 2. Weltkrieg kann hier nicht eingegangen werden.

der dieser Unternehmen zu der Gruppe von Erfinder-Kapitalisten gehörten, die unter den Bedingungen des Kapitalismus der freien Konkurrenz durchaus noch reale Erfolgs- und Aufstiegschancen und auf Grund ihrer persönlichen Entwicklung ein sehr spezifisches Verhältnis zu ihren Betrieben und ihren Produktionsgegenständen hatten. Dadurch bedingt hatten sie teilweise rechtzeitig erkannt, daß die Qualität ihrer Produkte nur durch einen qualifizierten Arbeiter- und Angestelltenstamm zu sichern war, und diesen versuchten sie durch scheinbar fortschrittliche soziale Maßnahmen für sich zu gewinnen.

Tafel 4: Übersicht über die Zahl der zu den beiden Nobel-Trusts gehörenden Werke sowie das Produktionsvolumen für 1896 (nach [3, S. 127])

Land	Zahl der Werke			Jahresproduktion (1896) in Tonnen		
	engl.-dtsch. Trust	roman. Trust	unabhängige	engl.-dtsch. Trust	roman. Trust	unabhängige
Schweden			5			600 (Schweden und Norwegen)
Norwegen			2			
Deutschland	23			10 300		
Österreich-Ungarn	6			2 300		
Frankreich		7			1 500	
Belgien		3			450	
Spanien		10			5 000 (Spanien und Portugal)	
Portugal		1				
Schweiz		1			600	
Italien		3			525	
Griechenland		1			175	
Großbritannien	8			8 100		
Kanada	3			5 000		
Südafrika	2			8 000		
Rußland-Finnland			3			500
USA			6			20 000
Brasilien	1			2 000 (Brasilien und Venezuela)		
Venezuela	1					
Australien	1			600		
Sonstige Länder	2	2	2	300	300	250
Summe.	47	28	18	36 600	8 550	21 350
	93 Werke			66 500 Tonnen		

Erdölproduktionsgesellschaft Gebrüder Nobel in Rußland (Branobel)

Im Jahre 1879 beteiligte sich Alfred Nobel mit einem entsprechenden Kapitalanteil an einem Unternehmen, das seine Brüder Robert und Ludwig aufzubauen im Begriff waren und das ihm in den folgenden Jahren neben seinen Gewinnen aus den Dynamitfabriken weitere hohe Profite brachte: die Erdölindustrie am Kaspischen Meer.

Es war das Verdienst von Robert Nobel, weitblickend die großen Möglichkeiten erkannt zu haben, die die Erdölvorkommen von Baku boten, und mit diesem Vorhaben sollte er nach vielen Fehlschlägen nun ebenfalls den geschäftlichen Erfolg haben, den sich seine jüngeren Brüder inzwischen erarbeitet hatten. Auf Einladung Ludwigs, der Ende 1870 mit seiner zweiten Frau Edla eine längere Hochzeitsreise durch Europa machen wollte, kam Robert wieder nach Petersburg, um in die Fabrik seines Bruders einzutreten und ihn während dessen Abwesenheit zu vertreten.

Die Maschinenfabrik von Ludwig Nobel hatte sich in den sechziger Jahren erfolgreich entwickelt. Dabei wirkte sich positiv aus, daß der russische Staat etwa ab Mitte der sechziger Jahre wieder stärker die heimische Industrie (die allerdings zu einem nicht geringen Teil in der Hand von Ausländern war) begünstigte. Die Aufhebung der Leibeigenschaft 1861 hatte außerdem ein großes Reservoir an Fabrikarbeitern geschaffen, wodurch der Aufbau größerer Industriebetriebe in Rußland möglich wurde. Facharbeiter wurden allerdings meist aus dem Ausland, besonders aus Skandinavien und Deutschland, angeworben.

Seit einigen Jahren hatte Ludwig Nobel neben anderem Kriegsmaterial die Gewehrproduktion in größerem Umfang aufgenommen, und 1871 erhielt er durch Vermittlung eines Geschäftsfreundes einen Auftrag des Kriegsministeriums über zunächst 200 000 Berdangewehre.[1] Für diesen Zweck modernisierte er auch die russische Waffenfabrik in Iževsk südwestlich von Perm. Um geeignetes Holz für die Gewehrkolben aufzutreiben, unternahm

[1] Ein von dem ehemaligen US-General Hiram S. Berdan konstruiertes Hinterladergewehr, das in der russischen Infantrie bis ins 20. Jahrhundert hinein in Gebrauch war.

8 Ludwig Nobel im letzten Lebensjahr [25]

Robert 1873 eine Reise in den Kaukasus und machte bei dieser Gelegenheit einen Besuch in Baku am Kaspischen Meer.
Baku war damals eine ölverschmutzte, unfreundliche Stadt. Die Erdölproduktion wurde mit äußerst primitiven Mitteln betrieben, und die Ausbeute war dementsprechend gering, obwohl sie seit 1835 industriell betrieben wurde. Wegen der transportmäßig unerschlossenen Lage hatten die russischen Ölfelder am Kaspischen Meer überhaupt keine Bedeutung für den Welthandel, und selbst auf dem Inlandsmarkt war der Absatz gering. Nach 1872 bemächtigte sich vor allem die amerikanische Standard Oil Co. des russischen Petroleummarktes. 1872 betrug die Ölproduktion in Baku nur 25 000 Tonnen.
Von seinem finnischen Leuchtölgeschäft her hatte Robert Nobel Erfahrung mit Öl und sein ausgeprägter Geschäftssinn sagte ihm, daß bei verstärkter Mechanisierung der Ölförderung, verbesserter

9 Robert Nobel [25]

10 Bohrtürme bei Balachani und eine Vorratsgrube mit Öl

Raffinierung und der Anlage eines entsprechenden Transportsystems – also einer komplexen Organisation der Erdölproduktion – hier eine gewinnträchtige Industrie aufgebaut werden könnte. Mit viel Geschick erwarb er relativ preisgünstig ein Ölfeld bei Balachani in der Nähe Bakus und die Konzession für die Förderung. Das notwendige Kapital hatte Ludwig bereitgestellt, und Robert errichtete in Baku eine Paraffin-Kerosin-Raffinerie.
Mit Hilfe einiger schwedischer Ingenieure entwickelte Robert Nobel verbesserte Verfahren und technische Anlagen, und in kurzer Zeit erreichte sein Öl die Qualität der ausländischen Konkurrenzprodukte. Aufschlußreich ist eine Einschätzung Ludwig Nobels in einem Brief an Alfred vom 31. Oktober 1875:

Robert ist ... nach Baku zurückgekehrt und hat auf der Insel Tcheleken in zehn Klafter Tiefe ausgezeichnetes Naphta gefunden. Folglich ist er jetzt mit Rohmaterial versehen. Werde nun sehen, wie er sich darauf versteht, die Herstellung und den Verkauf im großen zu betreiben. Davon werden sein zukünftiger Erfolg und sein Glück abhängen. Ich für meinen Teil habe getan, was ich konnte, indem ich ihm mit Geld und Rat in technischer Hinsicht zur Hand gegangen bin. Robert erklärt, neue Erfindungen für die Destillation und Reinigung des Öls gemacht zu haben, deren Wert ich nicht beurteilen kann, weil ich in der Sache nicht zu Hause bin. – Die Hauptsache ist und bleibt, sich darauf zu verstehen, die Sache großzügig und vernünftig zu betreiben. Ich denke immer daran, daß wir, d. h. Du und ich, zusammen hinreisen sollten, um zu sehen, ob wir ihm nicht irgendwie helfen könnten. Uns ist es ja geglückt, unabhängig zu werden, und wir müßten daher versuchen, Robert zu derselben Lage zu verhelfen. [25, S. 38]

Alfred zeigte zwar Interesse am Unternehmen seines Bruders, hielt sich aber finanziell noch zurück.
Nachdem eine Produktion guter Qualität und in ausreichendem Umfang gesichert war, ging es nun darum, sie kostengünstig auf den Markt zu bringen. Das Fehlen eines entsprechenden Transportnetzes – die transkaukasische Eisenbahn wurde erst 1883 in Betrieb genommen – zwang zu neuen Überlegungen. Bisher erfolgte der Transport in Fässern per Schiff über das Kaspische Meer bis Astrachan und von dort wolgaaufwärts (z. T. von dort auch per Eisenbahn); die Schiffahrt war jedoch nur in etwa 7 Monaten während des Sommers möglich. Ludwig Nobel entwickelte dafür nun Tankschiffe und für die Eisenbahn Kesseltankwagen, und dies ist als eine seiner bedeutendsten Erfindungen anzusehen. Damals sagte man, „die Öltanker in ihrer Nützlichkeit seien nach den

hochexplosiven Sprengstoffen bei weitem die bedeutendste Erfindung, die die Welt den Nobels verdanke" [3, S. 105]. Die ersten seetüchtigen Tankschiffe wurden auf der Motala-Werft in Schweden gebaut, von wo sie in einer komplizierten Fahrt über die Ostsee, verschiedene nicht sehr tiefe Kanäle und schwer schiffbare Flüsse zur Wolga gebracht wurden. Wegen der zu geringen Schleusenlänge mußten sie zum Teil zerlegt und wieder zusammengesetzt werden.

Ludwig Nobel war auch der erste, der in Rußland, nachdem er von den Pipelines in Pennsylvania gehört hatte, Pipelines installierte. Bisher wurde das Öl in Fässern auf zweirädrigen Karren (den sog. „Arbas") vom Bohrturm zur Raffinerie und von dort zum Hafen transportiert. Ludwig Nobel ersetzte diese „Arbas" 1877 durch eine Pipeline. Die Röhren mußten in Großbritannien beschafft werden, Pumpen und andere Spezialausrüstungen wurden in Ludwigs Petersburger Fabrik hergestellt. 1883 wurde dann auf Vorschlag von Alfred Nobel eine mehr als tausend Kilometer lange große Ölleitung von Baku bis zum Hafen Batumi am Schwarzen Meer verlegt (der nach dem russisch-türkischen Krieg 1878 an Rußland gefallen war), um auf diese Weise auch für den Export günstige Möglichkeiten zu gewinnen. Für die damalige Zeit stellte diese Verlegung durch unwegsames Gelände eine großartige Ingenieurleistung dar.

Um 1877 gab es im Gebiet von Baku ungefähr 200 kleinere Naphta-Firmen, die völlig unrentabel arbeiteten. Einigen größeren dieser Firmen gelang es jedoch mit ausländischer Kapitalhilfe (vor allem vom Bankhaus Rothschild), ihre Anlagen nach dem Vorbild der Nobels zu modernisieren und sich zu einer ernsthaften Konkurrenz zu entwickeln. Wie D'jakonova feststellt, war zwischen 1874 und 1878 das Wachstumstempo der Rohölförderung das höchste im vorrevolutionären Rußland [7, S. 61].

Kartellabsprachen schlugen fehl, und so sahen sich Robert und Ludwig Nobel gezwungen, durch konsequente Rationalisierung ihre Produkte weiter zu verbessern und zu verbilligen. Dazu war jedoch Geld notwendig, und jetzt konnte – neben weiteren Geschäftspartnern – auch Alfred Nobel gewonnen werden, das Unternehmen finanziell zu unterstützen. Im Jahre 1879 wurde die Naphta-Produktionsgesellschaft Gebrüder Nobel (kurz Branobel) mit einem Aktienkapital von 3 Millionen Rubel gegründet. Ludwig

erwarb die Aktienmehrheit und hatte damit ein weiteres Großunternehmen zu leiten. Robert, dessen Gesundheit ruiniert war und der außerdem von seiner Persönlichkeit her nicht der Typ war, sich als Mitdirektor einer Aktiengesellschaft unterzuordnen, zog sich auf ein Landgut in Schweden zurück. Hier starb er am 7. September 1896.
Für die Entwicklung der Nobelschen Naphta-Gesellschaft war weniger Alfred Nobels finanzieller Einstiegsbetrag von Bedeutung, denn er erwarb nur den 30. Teil des Aktienkapitals, als vielmehr seine finanzpolitische Erfahrung und seine Verbindungen. So war es maßgeblich seiner aktiven Unterstützung zu verdanken, daß die Überproduktionskrise von 1884 von der Gesellschaft ohne größeren Schaden überwunden werden konnte. In einem Brief von 1883 schrieb er an Ludwig:

Das einzige, worin unsere Ansichten auseinandergehen, ist, daß Du zuerst aufbaust und Dich danach erst um die Finanzierung kümmerst, während ich der Meinung bin, daß es eine bessere Basis für die Zukunft bietet, erst das Geld zu beschaffen und es dann anzulegen. Wenn wir von dieser unserer Verschiedenheit absehen, so stimme ich nicht weniger als Du für eine Erweiterung.

Alfred war in finanziellen Dingen sehr vorsichtig und riet zur Besonnenheit, aber er bewunderte das Organisationstalent seiner Brüder. Gegenüber Robert bezeichnete er das Unternehmen einmal als „gigantisch“ [9, S. 238], und das war es in der Tat, verglichen mit den damaligen Fabrikationsanlagen für Sprengstoffe. Von 1872 bis 1882 hatte sich die Rohölproduktion der Gesellschaften um Baku mehr als verzwanzigfacht, der Preis war auf etwa 1/3 gefallen. Betrug die Produktion von raffiniertem Öl im Jahre 1878 knapp 100 000 Tonnen, so stieg sie für 1883 über 200 000 Tonnen. Im Vergleich zu den anderen Naphtagesellschaften hatte Branobel im Zeitraum 1879–1883 die höchsten Zuwachsraten zu verzeichnen; sie steigerten ihre Erdölausbeute um 4 820 %, während die russische Erdölindustrie im Gesamtdurchschnitt ihr Wachstum von 416 auf 254 % verminderte [7, S. 62].
Branobel hatte sich zu einem führenden Unternehmen in der russischen Erdölindustrie entwickelt, das auch im Exportgeschäft einen festen Platz erworben hatte. Auch Dmitri Iwanowitsch Mendelejew, der große russische Chemiker, der eine intime Kenntnis der russischen Erdölindustrie besaß und zeitweilig als Berater

wirkte, stellte fest, daß die Firma der Nobels einen progressiven Faktor in der technischen Entwicklung und der Beförderung des Handels mit russischem Petroleum darstellte. Die Realisierung all dieser Ideen „... machte mir Herrn Nobels Namen in hohem Maße sympatisch" [20, S. 496], wenngleich er mit ihm (gemeint ist Ludwig Nobel) in einer Reihe von Einzelfragen der Produktionsentwicklung nicht übereinstimmte.

Dank eines Darlehens von Alfred und verschiedener finanzpolitischer Neuregelungen innerhalb des Konzerns (denen Ludwig, der in Börsengeschäften nicht so erfahren war, anfangs skeptisch gegenüberstand) hatte Branobel die Überproduktionskrise von 1883/84 gut überstehen können. Um die Jahrhundertwende übertraf die Ölproduktion des Nobel-Konzerns in Baku einige Jahre sogar die Produktionszahlen der USA. Ludwig hatte aus gesundheitlichen Gründen 1887 die Geschäftsleitung an seinen ältesten Sohn Emanuel abgegeben, während der jüngere Sohn Carl die Werkstätten in Petersburg übernahm. Ihm war jedoch nur noch eine kurze Ruhepause vergönnt; am 12. April 1888 starb er in Cannes an der französischen Riviera.

War Alfred Nobel um 1880 mit etwa 115 000 Rubel Aktienkapital beteiligt (gegenüber 1 610 000 Rubel von Ludwig), so betrug sein Anteil zu seinem Tode 2 Millionen Rubel, was aber auch nicht mehr als ein Zwanzigstel ausmachte. Allein diese Zahlen verdeutlichen die wirtschaftliche Entwicklung dieses Nobelkonzerns.

Die Hilfe Alfred Nobels, die er seinen Brüdern gegeben hatte, erwies sich als so umsichtig, daß sie bedeutete, daß ein großer Anteil der Geldmittel aus der russischen Erdölproduktion in seine Taschen zurückfloß, und nicht umgekehrt. [6, S. 132]

Alfred Nobel hat die Anlagen in Baku nie gesehen. Nur im März 1883 machte er noch einmal einen Besuch in Petersburg, bei dem er seinem Bruder Ludwig vor allem Ratschläge für die Finanzpolitik des Ölkonzerns gab. In seinem Labor in Paris hat er sich aber auch mit der chemischen Verarbeitung des Erdöls befaßt und so manchen brauchbaren Hinweis gegeben, z. B. zur Verfeinerung und Destillation des Rohöls oder zur Nutzung des Paraffins für Beleuchtungszwecke.

Alfred Nobels „Privatleben" während seiner „Pariser Zeit"

Nach den hektischen Jahren der Gründung seiner Dynamitfabriken hatte sich Alfred Nobel in Paris auch in der Hoffnung niedergelassen, dort in Ruhe arbeiten zu können und in der geschäftigen Stadt, die ein kulturelles Zentrum Europas war, einige Zerstreuung zu finden. Sein Gesundheitszustand hatte sich zwar seit seiner Jugend etwas stabilisiert, aber nach wie vor wurde er von Kopfschmerzen, Depressionen und vielen anderen Leiden geplagt. Das hohe Maß an Arbeit, das er sich zumutete, und das einesteils das eigentlich Angenehme seines Lebens darstellte, war der Verbesserung seines Befindens kaum zuträglich.
Bergengren teilt die Aktivitäten Nobels in drei Gruppen ein:

Der technischen Arbeit im Laboratorium gehörte das Hauptinteresse seines Lebens; hier fühlte er sich in seinem Element und war zufrieden. Seine zweite Pflicht bestand in seinen Geschäften und ihrer Verwaltung ...; diese Tätigkeit galt ihm mit all ihren Schwierigkeiten mehr als notwendiges Übel, das ihn langweilte. Schließlich verwendete er noch einen großen Teil seiner Zeit auf das Reisen, das zwar durch die beiden genannten Tätigkeiten bedingt, aber ermüdend und anstrengend ...

war [3, S. 227]. Seine Reisen legte er meist so, daß sie ihm einen – wenn auch häufig nur kurzen –Aufenthalt in Heil- oder Kurbädern ermöglichten. Dabei strebte er mehr ein Ausspannen durch Szenenwechsel an, als daß er Linderung seiner Beschwerden durch entsprechende Heilbehandlungen erwartete. „Ich bin nach einem Badeort gefahren, nicht um zu baden oder zu trinken, denn das hilft ja nur den Gläubigen, sondern um auszuruhen", schrieb er 1894 an seinen Neffen Hjalmar.

Als Alfred Nobel sein vierzigstes Lebensjahr überschritten hatte, konnte er sich zu den wohlhabendsten Menschen seiner Zeit zählen und als einen Mann, der in der ganzen zivilisierten Welt als genialer Erfinder galt. Wissenschaftler bewunderten seinen Scharfsinn und seinen experimentellen Eifer. Finanziers versuchten ihn für Investitionen bei den verschiedensten Unternehmungen zu gewinnen. Intellektuelle bemühten sich um ihn wegen seines enzyklopädischen Wissens und seiner kulturellen Weisheit. Die „High Society", die „beau monde" des Europäischen Kontinents, versuchte ihn in ihren ausschweifenden Festivitätenrummel zu ziehen. [9, S. 57]

Doch für solcher Art oberflächlichen gesellschaftlichen Lebens, für hohles Geschwätz und aufgebauschte Huldigungen hatte Nobel keinen Sinn.

11 Nobels Reisetasche [3]

Der Wunsch, irgendeine Rolle in der buntgewürfelten Sammlung der 1 400 Millionen zweibeinigen, schwanzlosen Affen zu spielen, die auf unserem kreisenden Erdprojektil herumlaufen, scheint mir verächtlich,

glossierte er in einem seiner Briefe recht sarkastisch jeglichen Reklamerummel um seine Person. Er suchte sich seine wenigen Freunde sehr genau aus und nahm gesellschaftliche Verpflichtungen nur in dem Maße wahr, wie sie für seine geschäftlichen Vorhaben unbedingt notwendig waren. In seinem Hause gab er kaum größere Empfänge, aber es wird berichtet, daß er seine wenigen seltenen Gäste mit erlesenen Speisen und Getränken bewirten ließ, während er selbst mit Rücksicht auf seinen Gesundheitszustand recht einfach speiste; auch Rauchen und Alkohol mied er.

Schützte er oft Reisen vor, um Einladungen zu offiziellen Veranstaltungen nicht wahrnehmen zu müssen, so bedauerte er beispielsweise, daß er zur Eröffnung der St.-Gotthard-Bahn 1882 nicht eingeladen worden war, da seine Sprengstoffe doch einen wesentlichen Anteil am Bau hatten. Er bemerkte dazu:

Bei der eiligen Fertigstellung der Bahnlinie konnten, wie es gerüchteweise heißt, durch das Dynamit und die Sprenggelatine Millionen ... eingespart werden. Hier muß aber ein Irrtum vorliegen, sonst hätten diese doch sonst nicht so schlecht erzogenen Tölpel nicht versäumt, mir eine Einladung zu dieser Zeremonie zu schicken.

Nobel widerstrebte es, als bloße Repräsentationsfigur zu wirken, aber wo seine Anwesenheit mit seinem Werk im Zusammenhang stand, nahm er verständlicherweise durchaus gern teil.
Eines der wenigen Hobbies, das er sich leistete, war, daß er in seinem Wintergarten an der Avenue Malakoff Orchideen züchtete, und er hatte eine Vorliebe für elegante Pferdegespanne. Ansonsten spielte er noch gern und gut Billard und Schach.
Nobel ist immer wieder als anregender und geistreicher Unterhalter geschildert worden, wenngleich er sich von Gesellschaften fernhielt. Relativ regelmäßig scheint er über ein dutzend Jahre wohl nur den vornehmen politisch-literarischen Salon der Madame Juliette Adam auf dem Boulevard Poissoniere besucht zu haben, wo sich ein illustres Publikum aus Politik, Kunst, Literatur und Wissenschaft versammelte. Juliette Adam war Journalistin und Schriftstellerin, die zunächst mit einem Juristen verheiratet und später mit dem rechtsorientierten bürgerlich-republikanischen Politiker Léon Gambetta liiert war. Seit 1879 gab sie die Literaturzeitschrift „Nouvelle Revue" heraus und protegierte eine Reihe junger Literaten wie Alphonse Daudet, Anatole France u. a.
Obwohl Nobel der extreme Nationalismus, der von vielen der in diesem Salon versammelten Persönlichkeiten vertreten wurde, nicht gefiel, suchte er in diesen Unterhaltungen doch etwas Zerstreuung und fand sich selbst wohl mehr in der Rolle des amüsierten Beobachters. Zum anderen verdankte er diesen Besuchen die Bekanntschaft mit Victor Hugo, den er sehr schätzte, obwohl beide recht unterschiedlicher Natur und in vielem unterschiedlicher Ansicht waren, sowie mit dem Erbauer des Suezkanals Ferdinand de Lesseps, der später auch das Panamakanal-Projekt ins Leben rief.
Aber trotz vieler Bekanntschaften und unzähliger geschäftlicher Beziehungen, zahlloser Bewunderer in wissenschaftlichen und kaufmännischen Kreisen, besaß er kaum einen vertrauten Freund. Außer seiner Mutter, mit der er sich bis an ihr Lebensende eng und innig verbunden fühlte, wie viele Briefe beweisen, sind wohl aus jener Zeit vor allem Barbe, Liedbeck und sein Neffe Emanuel zu nennen.

Es besteht kein Zweifel, daß der ausgeprägte Kosmopolit Alfred Nobel, der einmal sagte, seine Heimat sei da, wo er seine Arbeit tun könne, ... trotz all seines Reichtums ein einsamer Mann war, der merkte, daß er sich nirgends so recht zugehörig fühlen konnte. [3, S. 167]

Nachdem er sich nun in der Avenue Malakoff ein komfortables Heim eingerichtet hatte, spürte er, daß hier eine Frau fehlte, die ihm dieses Haus führte. Von seiner Häßlichkeit und Unansehnlichkeit überzeugt, war er gegenüber Frauen wie überhaupt gegenüber anderen Menschen sehr zurückhaltend, aber ein Freund intelligenter Unterhaltung. Letzteres bedingte jedoch, daß er in dieser Hinsicht hohe Ansprüche stellte und deshalb kaum hoffen konnte, eine intellektuell ebenbürtige Partnerin zu finden. Er schrieb einmal:

Ich für meinen Teil finde, daß die Konversation der Pariserinnen das fadeste ist, was es gibt, wogegen der Umgang mit gebildeten und nicht übertrieben emanzipierten Russinnen bezaubernd ist. Leider haben sie eine Abneigung gegen Seife, aber man darf nicht zuviel verlangen. (Zit. nach [17, S. 2765])

Alfred Nobel beschloß, eine Hausdame zu engagieren, die zugleich seine Privatsekretärin sein sollte, und so erschien 1875 in verschiedenen Zeitungen unter Chiffre folgende Annonce:

Ein sehr reicher, hochgebildeter, älterer Herr, der in Paris lebt, sucht eine sprachkundige Dame, gleichfalls gesetzten Alters, als Sekretärin und zur Oberaufsicht des Haushalts. (Zit. nach[28, S. 162])

Unter den verschiedenen Offerten wählte er die einer Komtesse Bertha Kinsky aus Hermannsdorf in Niederösterreich aus. Sie entstammte einer verarmten österreichischen Aristokratenfamilie und war bei der Familie des Barons v. Suttner als Erzieherin für die Töchter angestellt. Durch ihr Verhältnis mit dem sieben Jahre jüngeren Sohn des Hauses, Artur Gundaccar Freiherr v. Suttner, das die Familie nicht dulden wollte, war sie gezwungen, sich eine andere Stellung zu suchen. Die intelligenten, von guter Bildung zeugenden Briefe Bertha Kinskys, zugleich in einem ungezwungenen und frischen Stil geschrieben, überzeugten Nobel, daß dies die geeignete Person sei, und er engagierte sie.
Schon als Nobel seine künftige Privatsekretärin und Hausdame vom Bahnhof abholte, stellte er fest, daß er die richtige Wahl getroffen habe, und es keimte in ihm die Hoffnung, daß Bertha Kinsky vielleicht sogar seine Frau werden könnte. Die Episode dauerte jedoch nur eine gute Woche; die Komtesse konnte ihren Geliebten nicht vergessen.

12 Bertha von Suttner (Jugendbild) [28]

Als Alfred ein paar Tage später geschäftlich nach Stockholm reisen mußte und sie einen Brief aus Wien erhielt, kehrte sie in größter Eile dorthin zurück. In aller Heimlichkeit heiratete sie Baron v. Suttner. Da sie von der Familie daraufhin enterbt wurden, zogen beide für fast zehn Jahre in den Kaukasus, wo sie bei der Bertha v. Suttner freundschaftlich verbundenen Fürstin von Mingrelien in Kutaisi lebten. Seinen Lebensunterhalt verdiente sich das Ehepaar v. Suttner u. a. mit Musik- und Sprachunterricht, und beide begannen ihre journalistische und schriftstellerische Tätigkeit. Es soll nicht unerwähnt bleiben, daß die äußerst glückliche Ehe, die beide führten, ihnen über diese schwere Zeit half.

Für Nobel war diese plötzliche Abreise ein ziemlicher Schlag. Zwar blieb er weiterhin mit Bertha v. Suttner freundschaftlich verbunden, und auch wenn im Laufe der Jahre nur wenige Briefe gewechselt wurden und sie sich nur zweimal kurz wiedersahen, war diese Freundschaft doch für beide nicht ohne Einfluß auf ihr weiteres Leben, aber eine Lebensgefährtin, die Nobel so dringend benötigte, hatte er nicht gewonnen. In der Literatur wird viel spekuliert, welchen anregenden Einfluß Bertha v. Suttner auf ihn hätte ausüben können.

In dieser deprimierenden Situation nun lernte Nobel ein junges Mädchen kennen, das seine große Liebe werden, ihm zugleich aber nach anfänglicher Beglückung viel Verdruß bereiten sollte. Dieses Verhältnis wurde erst in jüngerer Zeit offiziell bekannt, nachdem verschiedenes Archivmaterial zugänglich geworden ist. Um Nobel nicht zu kompromittieren und vor allem, um die Realisierung seines Testamentes zu ermöglichen, waren nach seinem Tode alle vorhandenen diesbezüglichen Briefe und Unterlagen von den Testamentsvollstreckern erworben und unter Verschluß gehalten worden.

Für das Verständnis des gesamten Menschen Alfred Nobel, aber auch für so manche seiner Aktivitäten, Reisen usw. ist die Kenntnis dieser Liebesgeschichte durchaus von Bedeutung. Sie war mit Sicherheit nicht das ideale, intellektuell hochstehende Partnerschaftsverhältnis, das Nobel immer angestrebt hatte, und er mochte dies auch bald fühlen. Eher muß man diese Beziehung wohl ganz pragmatisch so sehen, daß sich ein älterer wohlsituierter Herr eine hübsche junge Freundin hielt – etwas, was in der sogenannten besseren Gesellschaft ja nicht unüblich war. Allerdings täte man Nobel vermutlich unrecht, wenn man seine Beziehung zu diesem Mädchen nur so lapidar charakterisierte, denn die Hintergründe waren komplizierter und offenbaren doch eine gewisse menschliche Tragik.

Auf einer Geschäftsreise im August 1876 machte Nobel in einem Blumengeschäft des in der Nähe von Wien gelegenen Kurortes Baden die Bekanntschaft der damals zwanzigjährigen Sofie Hess, eines kleinen schwarzhaarigen liebreizenden Wiener Mädchens aus ärmlicher Familie des sog. Mittelstandes, das dort als Verkäuferin arbeitete. Sofie war durchaus mit Berechnung von ihrer Mutter in diesen Kurort der vornehmeren Gesellschaft geschickt worden. Und tatsächlich ist bei Nobel ein gewisses gönnerhaftes oder onkelhaftes Bemühen nicht zu übersehen, dem Mädchen aus finanzieller Not zu helfen und ihm zugleich die fehlende Bildung zu vermitteln. Aber dieses Bemühen Nobels war von der ehrlichen Absicht getragen, sich eine Lebenskameradin und Partnerin für

sein weiteres Leben zu gewinnen, bei der er etwas Ruhe und Verständnis finden konnte.
Bergengren charakterisiert die Beziehung zwischen Alfred Nobel und Sofie Hess recht zutreffend folgendermaßen:

> Es war zunächst in gewisser Hinsicht eine Pygmalion-Geschichte, die sich zu einem verbissenen Kampf zwischen dem älteren, gequälten, einsamen Mann viktorianischer Prägung und dem jungen, fröhlichen Wiener Kind auswuchs, das mit seinen kleinen, gierigen Händen die langersehnten Dinge – Reichtum, schöne Kleider und Vergnügungen – festzuhalten suchte, dafür aber jugendlicher Liebe entsagen mußte. [3, S. 252]

Nobel besuchte seine neugewonnene Freundin, so oft es ging, in Wien, und 1877 beschloß er, sie nach Paris zu holen, um sie häufiger um sich zu haben. Er richtete ihr eine elegante Wohnung (in der heutigen Avenue Victor Hugo) ganz in der Nähe seines Hauses ein und bezahlte ihren Lebensunterhalt einschließlich Dienerschaft. Aber viel Zeit hatte er auch in Paris nicht für sie. Das Ölgeschäft in Baku begann, seine Zeit zu absorbieren, und in seinen Dynamitfabriken, vor allem in Ardeer, hatte er ebenfalls viel zu tun. So war ihr Kontakt sehr oft wieder nur brieflich, aber es waren wirkliche Liebesbriefe, die zeigen, wie sich Nobel um seine „kleine Sofie" bemühte. Bezeichnend sind allerdings auch die gegenseitigen Kosenamen: er war der „Brummbär", und sie nannte er häufig seinen „Troll" mit Bezug auf jenen Kobold der skandinavischen Sage, der stets irgendwelche Wünsche hatte. Ohne ihre Schwestern und Freundinnen langweilte sich Sofie jedoch in Paris. Sich weiterzubilden, wie Nobel es anstrebte, hatte sie keine Lust, und auch der Besuch von Schauspielen oder die Beschäftigung mit Literatur waren nur oberflächlich. Viel lieber wollte sie das amüsante Pariser Leben genießen.
Trotzdem beschloß Alfred, Sofie im September 1878 zum Familientreffen anläßlich des Geburtstages seiner Mutter mit nach Stockholm zu nehmen. Anfängliche Freude über diesen Entschluß machte bei Sofie bald einer tiefen Depression Platz, ob sie der Familie genehm sein werde; sie wurde krank und konnte nicht mitfahren. Für Alfred wurde diese Reise nach Stockholm auch eine Gelegenheit zum Überdenken seines Verhältnisses mit Sofie. Er mußte sich eingestehen, daß er in sie vernarrt war, aber daß sie auf die Dauer keine Partnerin für ihn sein konnte.

Dann, in einem Brief aus Glasgow Ende 1880, schrieb er ihr deutlich:

Ich zürne Dir nicht, mein liebes, gutes, süßes Kind, denn es ist im Grunde genommen meine eigene Schuld, und Du kannst nichts dafür. Unsere Begriffe vom Leben, von den Bestrebungen desselben, von der Unentbehrlichkeit geistiger Nahrung, von unseren Pflichten als Menschen einer höheren Stufe und einer gebildeten Klasse sind so himmelweit verschieden, daß wir vergebens suchen würden, uns darüber zu verständigen.

Und im September 1884 schrieb er an sie:

In meinen Jahren macht sich das Bedürfnis fühlbar, jemand um sich zu haben, für den man lebt und den man lieb gewinnen kann. Es hätte an Dir gelegen, diese Person zu sein, aber Deinerseits hast Du alles nur Denkbare getan, um ein solches Verhältnis unmöglich zu machen.

Doch trotz dieser Einsichten kam Nobel von Sofie nicht los. Sie selbst wollte natürlich ihre finanzielle Sicherheit nicht verlieren und verstand es immer wieder, ihn zu umgarnen. Paris begann sie zu langweilen, außerdem war sie dort gewissermaßen unter Nobels Aufsicht. So begann sie, die verschiedensten Badeorte in Deutschland und Österreich aufzusuchen, und Nobel reiste ihr nach, sobald seine Geschäfte es möglich machten. Nach wie vor bestritt er alle ihre Ausgaben, drückte bei allen Extravaganzen die Augen zu, zahlte auch beträchtliche Unterstützungsgelder an ihre Familie. 1883 kaufte er ihr in Bad Ischl eine Villa, in der Hoffnung, vielleicht daraus ein Heim für sie beide machen zu können; Sofie wohnte dort sogar als „Madame Nobel". Zur Benutzung dieses Namens war Sofie Hess von Nobel teilweise legitimiert worden. Zu seinem Verdruß nutzte sie dies jedoch weidlich aus; er selbst war darauf bedacht, diese Verbindung nur im engsten Familien- und Freundeskreis bekannt werden zu lassen. Natürlich gab es des öfteren Gerüchte. Auf ein solches von Bertha v. Suttner angesprochen, stritt er kategorisch eine Verbindung zu einer „angebeteten jungen Frau" ab [28, S. 269].

Aber sie lebten sich immer mehr auseinander. Sofie amüsierte sich mit anderen Verehrern. Ein Anfall von Angina pectoris warf Nobel im Oktober 1887 einige Tage zu Bett, und seine Einsamkeit wurde ihm erneut bewußt. Die Frau, die er sich als Gefährtin erhofft hatte, wurde ihm mehr und mehr zur Last. In einem Brief an sie heißt es:

Mein ganzes Leben verwandelt sich in bittere Galle, wenn ich auch noch für eine Erwachsene Kindermädchen spielen und so zur Zielscheibe des Spottes für all meine Bekannten werden soll.

Obwohl sie sich nun nur noch selten sahen, unterstützte Nobel Sofie weiterhin großzügig. Er fühlte sich irgendwie verantwortlich für sie, und es hätte seinem Charakter widersprochen, sie fallen zu lassen. Auch als Sofie 1891 ein Kind von einem ungarischen Offizier bekam, versagte er ihr weder Rat noch finanzielle Hilfe, was ihm sogar das Gerücht einbrachte, das Mädchen sei von ihm.

Die letzten Lebensjahre – weitere Erfindungen und Unternehmungen

Diese Querelen seines Privatlebens waren vermischt mit Problemen und Ärger in seinen geschäftlichen Aktivitäten, was auf seine Gesamtkonstitution natürlich nicht ohne Einfluß blieb. In der Familie waren zudem der Tod des Bruders Ludwig (1888)[1] sowie der über alles geliebten Mutter (1889) zu beklagen.

Der Vertrag über das Ballistit-Geschäft mit Italien hatte dazu geführt, daß in der französischen Öffentlichkeit Stimmen laut wurden, die dem Ausländer Nobel Verrat am französischen Volk vorwarfen.[2] In der nationalistischen Stimmung, die damals in Frankreich herrschte, war das nicht verwunderlich, war allerdings Nobel gegenüber nicht ganz gerecht, denn er hatte sein Patent ja der französischen staatlichen Schießpulver-Fabrik angeboten. Aber man sprach ihm sogar eine Mitschuld an der französischen Niederlage im deutsch-französischen Krieg zu in Verdrehung der Tatsache, daß es die Verwaltung des Staatsmonopols war, die damals sein Dynamit abgelehnt hatte. Die Verleumdungen gegen ihn steigerten sich zur Kampagne, er wurde der Industriespionage bezichtigt, sein Laboratorium wurde von der Polizei durchsucht und geschlossen. Unter diesen Bedingungen sah sich Nobel gezwungen, Frankreich zu verlassen.

Als neuen Aufenthaltsort wählte er San Remo an der italienischen Riviera. Dort hatte er eine im pompejanischen Stil erbaute Villa erworben. Die Villa lag in einem großen Park, umgeben von einem Orangenhain. „Mio Nido“ (mein Nest) nannte er sie. Nach einer

[1] Während Ludwig Nobel in Rußland eine sehr bekannte Persönlichkeit war, war es Alfred in der übrigen Welt. Als nun Ludwig in Cannes starb, berichtete ein Teil der Presse über den Tod des Dynamitkönigs, und Alfred hatte das zweifelhafte Vergnügen, in den Nachrufen die zwiespältige Meinung der Öffentlichkeit über sein Lebenswerk zu lesen.

[2] Die politischen Spannungen zwischen Frankreich und Italien resultierten zum Teil daraus, daß Italien seit 1882 dem Dreibund (Deutschland, Österreich, Italien) angehörte, während die rechtsbürgerlichen Kräfte in Frankreich in einen wachsenden Gegensatz zum Deutschen Reich steuerten und 1892 eine Allianz zwischen Frankreich und Rußland geschlossen wurde.

scherzhaften Bemerkung eines Freundes, ein Nest sei normalerweise für zwei Vögel gedacht, änderte er den Namen in „Villa Nobel". Er hoffte, daß das milde Klima dieser Gegend sich für seine Gesundheit günstig auswirken werde.

13 Villa Nobel in San Remo [25]

14 Inneneinrichtung des Labors in San Remo [25]

Für sein neues Laboratorium in San Remo gewann Nobel den englischen Chemiker G. Hugh Beckett. Fehrenbach hatte Frankreich nicht verlassen wollen, und Nobel setzte ihm eine Pension aus. Als weiteren Assistenten stellte Nobel 1893 den Schweden Ragnar Sohlmann ein.

Mit der Flucht aus Paris waren die äußeren Ärgernisse jedoch nicht beendet. Da war einmal der „Panama-Skandal", der nach dem Tode seines Freundes Barbe (1890) aufgedeckt wurde und in dem man Nobel eine Mitschuld anzulasten versuchte. Barbe war in finanzielle Fehlspekulationen der französischen Panama-AG verwickelt gewesen, die mit dazu beigetragen hatten, daß der Bau des Panamakanals 1889 unterbrochen werden mußte. Barbes Interesse hatte vor allem darin bestanden, die amerikanische Konkurrenz für das benötigte Dynamit auszuschalten; seine Geschäftspraktiken waren dabei allerdings sehr dubios, insbesondere hatte er versucht, seine Parlamentsmitgliedschaft auszunutzen.

Für Nobel brachte die Affäre nun allerlei Mißbill und finanzielle Verluste, abgesehen davon, daß Barbe ihn damit auch persönlich enttäuscht hatte. Zeitweilig befürchtete er sogar den finanziellen Ruin. Die Leitung der französischen Dynamitgesellschaften mußte neu formiert werden.

Großen Verdruß bereitete ihm ebenfalls der sogenannte Corditprozeß in Großbritannien. Hier war es sein alter Widersacher Prof. Abel, der ihm Schwierigkeiten machte. Nachdem sie sich Anfang der achtziger Jahre bezüglich des Dynamits geeinigt hatten, korrespondierten beide Sprengstoffexperten in den letzten Jahren sogar freundschaftlich miteinander. 1888 berief die britische Regierung eine Kommission zur Überprüfung neuer Entdeckungen auf dem Sprengstoffgebiet; dazu gehörten Prof. Abel und der bekannte Chemiker Prof. James Dewar. Aus diesem Grunde wandte sich Abel an Nobel mit der Bitte, ihm die notwendigen Informationen zum Ballistit zu überlassen. Nobel erfüllte diesen Wunsch, und beide korrespondierten kurzzeitig über einige Fragen der verbesserten Zusammensetzung.

Doch plötzlich brach die Korrespondenz ab. Abel und Dewar hatten eine etwas andere Zusammensetzung für ein solches Schießpulver gefunden: 58 % Nitroglycerin, 37 % Nitrozellulose, 5 % Vaseline. Mit flüchtigem Aceton wurde die Masse gelatiniert und dann gepreßt. Das Pulver erhielt den Namen „Cordit". In England und einigen anderen Ländern nahmen sie Patente darauf, und in der englischen Armee wurde das Cordit eingeführt.

Die britische Gesellschaft Nobel's Explosives Co., die nun ihr Ballistit in England nicht mehr absetzen konnte, sah in dem Vorgehen von Abel und Dewar eine Patentverletzung und strengte einen Prozeß an. Nobel selbst hatte zwar abgeraten, da er Auseinandersetzungen solcher Art nicht mochte, konnte diesen Prozeß aber nicht verhindern. Die Verhandlungen zogen sich von 1892 bis 1895 über verschiedene Instanzen hin und erregten in der Öffentlichkeit viel Aufsehen. Die Klage wurde jedoch abgewiesen, und die Gesellschaft mußte die Prozeßkosten von £ 28 000 tragen. Grund war eine unglückliche Formulierung Nobels in seinem englischen Patent: er sprach von Nitrozellulose der „wohlbekannten löslichen Art". Abel und Dewar hingegen verwendeten unlösliche Nitrozellulose, obwohl nachgewiesen werden konnte, daß auch diese unter bestimmten Bedingungen löslich ist.

Nobel hatte viel Verdruß mit diesem Prozeß. Vor allem sah er sich von Abel und Dewar hintergangen, da er ihnen die Einzelheiten seiner Experimente mitgeteilt hatte. Bezeichnend ist die Äußerung eines Richters aus der Schlußverhandlung, mit der er Nobel eine gewisse moralische Genugtuung verschaffte:

Es ist nicht zu bestreiten, daß ein Zwerg, dem man erlaubt hat, auf den Rücken eines Riesen zu steigen, weiter sehen kann als der Riese selbst ... [3, S. 148]

Nobels Verbitterung über diese Sache kann man seinen Briefen entnehmen:

... Meine Mittel gestatten es mir, bezüglich der geldlichen Seite dieses Falles gleichgültig zu bleiben, aber ich kann den ausgesprochenen Ekel nicht verwinden, den ich über die hier zum Ausdruck gekommene Schäbigkeit empfinde ...

Um im englischen Geschäft zu bleiben, hatte Nobels Explosives Co. rechtzeitig auch mit der Corditproduktion begonnen. Ansonsten bildete sich folgende Produktions- und Anwendungsverteilung des rauchlosen Schießpulvers heraus:

Ballistit – Italien, Deutschland, Österreich-Ungarn, Schweden, Norwegen;
Cordit – England, Japan, mehrere südamerikanische Staaten;
Pulver B nach Vieille – Frankreich, Rußland, USA.

In seinem Laboratorium in San Remo entwickelte Nobel das Ballistit weiter und ließ sich 1896 das sogenannte „progressive rauchschwache Pulver" patentieren. Ohne hier auf waffentechnische Details eingehen zu können, die für das Verständnis dieser Erfindung notwendig sind, sei nur erwähnt, daß die Verbrennung des Pulvers chemisch so gesteuert wird, daß der Druck der Verbrennungsgase gleichbleibt, solange sich das Geschoß im Lauf befindet. Dadurch wird eine höhere Anfangsgeschwindigkeit des Geschosses erreicht.

Nobels Erfinderinteresse galt aber nicht nur den Sprengstoffen. Über 355 verschiedene Patente hat er im Laufe der Jahre in den verschiedensten Ländern erworben. Auf einige seiner Erfindungen war bereits hingewiesen worden (vgl. auch Tafel 3). Da seine technische Ausbildung vor allem in Richtung Mechanik und Maschinenbau gegangen war – selbst bezeichnete er sich in den fünfziger Jahren als „Civil Engineer" (Zivilingenieur) – hat er eine Anzahl technischer Einrichtungen für seine Sprengstoffproduktion selbst entworfen.

Viele Ideen griff Nobel im Laufe der Jahre mehrmals auf. Seine Arbeitsweise charakterisierte er einmal folgendermaßen:

> Ich arbeite intermittierend; ich ließ die Sache eine Zeitlang liegen und nahm sie dann wieder auf. So arbeite ich ziemlich oft, aber ich kehre immer wieder zu einer Sache zurück, von der ich das Gefühl habe, daß sie mir schließlich glücken müßte.

Viele seiner Ideen konnte er nicht ausarbeiten. Teilweise fehlte ihm die Zeit dazu, teilweise fehlten damals noch die wissenschaftlichen Grundlagen, teils fehlte ihm selbst die notwendige Kenntnis. So sind manche Patente nur provisorisch angemeldet worden, ohne das die Idee weiter entwickelt worden wäre. Sohlmann schätzte ein:

> Wie es nicht selten bei genialen Erfindern der Fall ist, konnte Alfred Nobel nicht immer die Grenze zwischen epochemachenden Ideen und reinen Phantasien ziehen. Gegebenermaßen wurde ihm das um so schwerer, je mehr er sich auf einem Gebiet bewegte, wo seine Kenntnisse mehr oberflächlich und dilettantisch waren, wie z. B. bei gewissen artillerietechnischen Konstruktionsfragen oder biologischen und physiologischen Problemen. [25, S. 153]

Nobel sah solche Grenzen zum Teil durchaus selbst, aber ein Erfinder muß eben Bestehendes in Frage stellen, auch wenn eine

Lösung zunächst als unwahrscheinlich erscheint. 1895 schrieb er in einem Brief: „Man muß ja unbedingt ein unverbesserlicher Phantast sein, um überhaupt mit seinen Bemühungen Glück zu haben."

Ein größerer Komplex von Arbeiten beschäftigte sich mit einem Ersatzstoff für Kautschuk, Guttapercha und Leder auf der Basis der für die Sprengstoffe benötigten Rohstoffe. Dabei fand er eine Anzahl neuer Lösungsmittel für Nitrozellulose und konnte auf diese Weise Lacke und Farben auf Nitrozellulosebasis herstellen.

Besonders in den Jahren 1893/94 bemühte sich Nobel um die Herstellung von Kunstseide. Er erhielt ein Patent für ein gläsernes Preßmundstück mit feinen Löchern zum Auspressen der Nitrozellulosefäden. Die Löcher wurden hergestellt, indem feine Platindrähte eingeschmolzen und dann mit Königswasser ausgelöst wurden.

Zu nennen sind ebenfalls Nobels Experimente zum Telefon und zur Glühlampe sowie der Versuch zur Nutzung der Explosionswärme zum Schmelzen aluminiumhaltiger Tonerden, um auf diese Weise Schleifmittel und möglicherweise auch Halbedelsteine herzustellen.

Daß er in den letzten Jahren vielfach die Arbeiten junger talentierter Erfinder – vor allem aus Schweden – finanziell unterstützte, kann nur erwähnt werden. So kann Nobel als Mitbegründer der schwedischen elektrochemischen Industrie angesehen werden: er half dem Ingenieur Rudolf Lilljequist bei der Gründung einer Fabrik in Bengtsfors. Die Brüder Ljungström unterstützte er bei der Realisierung ihres Fahrrades mit veränderlicher Übersetzung, den schwedischen Luftfahrtpionier Salomon August Andrée bei seinem Plan, den Nordpol von einem lenkbaren Ballon aus zu erforschen. Auf Anregung Nobels befaßte sich seit 1890 der Mediziner J. E. Johansson mit der Erforschung der Bluttransfusion, anfangs sogar in Nobels Pariser Laboratorium. Nobel hatte großes Interesse an der Erforschung der Krankheitsprozesse und entsprechender Heilmethoden, wobei er die nicht unberechtigte Auffassung vertrat, daß es durchaus sinnvoll sein könne, außerhalb bestehender medizinischer Doktrinen solche Probleme aufzugreifen. Dem Königlich Karolinischen Mediko-Chirurgischen Institut in Stockholm setzte er bald darauf eine Stiftung aus zur Gründung des „Caroline-Andriette-Nobel-Fonds“ für experimentelle medizinische Forschung.

Hatte Nobel seine Sprengstoffe in erster Linie für friedliche Einsatzzwecke entwickelt und ihre militärische Nutzung mehr oder weniger passiv hingenommen, so war er mit der Entwicklung des Ballistits direkt auf dem Sektor der Kriegstechnik wirksam geworden. Seit etwa Mitte der achtziger Jahre führte er auch waffentechnische Untersuchungen durch. Das hatte verschiedene Ursachen. Einerseits hatte er erkannt, daß er unter den bestehenden gesellschaftlichen Bedingungen und unter dem Druck der Konkurrenz nur dann eine Chance hatte, seine Sprengstoffe auf dem internationalen Markt abzusetzen, wenn sie auch für den militärischen Einsatz verwendbar waren. Andererseits hatte Nobel die idealistische Vorstellung, daß mit einer Waffe, die alles bisher dagewesene in den Schatten stellen würde, künftige Kriege verhindert werden könnten (vgl. den Abschnitt „Nobels Stellung zur Friedensbewegung“). Deshalb beschäftigte er sich in den letzten Lebensjahren vor allem mit waffentechnischen Entwicklungen.

15 Alfred Nobel im Labor. Ölgemälde von Österman (Ausschnitt) postume Darstellung

Für solche Arbeiten war aber San Remo weniger geeignet: seine Schießversuche von einem Steg ins Meer hinaus stellten für die Nachbarn eine erhebliche Lärmbelästigung dar. Nobel suchte einen geeigneteren Ort. England und Frankreich kamen für ihn wegen der schlechten Erfahrungen der letzten Jahre nicht in Frage, ebenso mißfielen ihm das Weltmachtstreben Deutschlands sowie dessen antidemokratische Innenpolitik. So wandte er sich wieder seiner Heimat Schweden zu und erwarb 1894 die Eisen- und Waffenfabrik in Bofors bei Karlskoga in Värmland. Hier richtete er sich auch ein Herrenhaus und ein modernes Laboratorium ein. Auf dem Schießplatz bei Bofors testete Nobel neue Treibladungen, Zünder, Panzerplatten-Legierungen, speziell gekühlte Kanonenrohre, Raketenantriebe. Diese knappe Aufzählung verdeutlicht die Vielfalt seiner Tätigkeit auf diesen Gebieten.

Tafel 5: Hauptaufenthaltsorte Alfred Nobels

Zeitraum	Ort
1833–1842	Stockholm
1842–1850	St. Petersburg
1850–1852	Reisen durch Nord-Amerika, Deutschland, Italien, Frankreich (Paris)
1853–1863	St. Petersburg
1863–1965	Stockholm
1865–1873	Hamburg
1871–1875	Ardeer (jeweils für längere Zeiträume)
1873–1891	Paris
1891–1896	San Remo
1894–1896	Bofors (jeweils für längere Zeiträume)

Nobel verbrachte jetzt meist die Sommermonate in Bofors und den Winter in San Remo oder Paris. Aber nach wie vor führten ihn seine Geschäftsinteressen in die großen europäischen Städte, unterbrochen von kurzen Kuraufenthalten in verschiedenen Bädern, um seine immer stärker werdenden Beschwerden (besonders Migräneanfälle und Gefäßkrämpfe) zu lindern. „Ich soll mir viel Ruhe gönnen und auf meine Gesundheit achten", hat er selbst wohl mehr ironisch über die Ratschläge der Ärzte in einem Brief festgehalten. Akute Angina pectoris war die Diagnose der Ärzte im Herbst 1896. Im November schrieb er an Bertha v. Suttner:

Bei „guter Gesundheit" – nein, leider bin ich es nicht, und ich konsultiere sogar die Ärzte, was nicht nur zu meinen Gewohnheiten, sondern auch zu meinen Prinzipien in Gegensatz steht. Ich, der ich im übertragenen Sinne kein Herz habe, habe aber eins als Organ, und das spüre ich. [28, S. 382]

Nobel fuhr nach San Remo, aber Ruhe gönnte er sich nach wie vor nicht. Wenn er schon nicht im Labor stand oder über seinen

Geschäftsbüchern saß, so quälte er sich mit seinen literarischen Plänen (vgl. den Abschnitt „Nobels literarisch-philosophische Ambitionen"). Trotz des verschlechterten Gesundheitszustandes produzierte Nobel unaufhörlich neue Ideen. In seinem letzten Brief an Sohlmann vom 7. Dezember 1896 erläutert er ihm seine Gedanken zu einem neuen Nitrozellulosepulver, das er mit ihm testen wolle.

Drei Tage später jedoch, am 10. Dezember 1896 um 2 Uhr morgens verstarb Alfred Nobel in seiner Villa in San Remo an einer Gehirnblutung. Wovor er sich sein ganzes Leben lang gefürchtet hatte, war eingetreten: Er verschied, wie er einmal ahnungsvoll schrieb:

> ... umgeben lediglich von bezahlter Dienerschaft, ohne einen liebgewordenen Menschen in der Nähe, dessen Hand einst sanft meine Augen zudrückt, und der mir beruhigend und treu ein Wort des Trostes zuflüstern könnte.

Die feierliche Beisetzung fand am 29. Dezember 1896 in Stockholm statt. Seinem Wunsch gemäß fand er seinen letzten Ruheplatz in dem Familiengrab auf dem Nördlichen Kirchhof.

Zur Persönlichkeit Alfred Nobels

Victor Hugo wird der scherzhaft-drastische Ausspruch zugeschrieben, Nobel sei „Europas reichster Vagabund“ gewesen. Diese Charakterisierung ist recht einseitig. Sicher dürften nur wenige Leute so viel auf Reisen und abwechselnd an den entgegengesetzten Orten Europas präsent gewesen sein, aber weder hat Nobel diese Reisen vornehmlich zum Vergnügen betrieben, noch kann er in jene Kategorie von „Kuponabschneidern“ eingereiht werden, die im wesentlichen nur damit beschäftigt waren, die Gewinne ihrer Geschäfte umzuverteilen bzw. zu verbrauchen.

Die Gesamtpersönlichkeit Alfred Nobels war sicherlich sehr kompliziert und widersprüchlich, und ebenso sind es die überlieferten Zeugnisse über diesen Mann, der in der Öffentlichkeit und in den sogenannten Gesellschaftskreisen kaum eine bedeutende Rolle spielte. In der Presse tauchte sein Name zumeist nur in Verbindung mit irgendwelchen Sprengstoffunglücken oder mit den Patentprozessen auf. Persönliche Aufzeichnungen über sein Leben gibt es außer zahlreichen Briefen im Nobel-Archiv, die aber noch nicht geschlossen veröffentlicht sind, kaum. Auf den wenigen hier zur Verfügung stehenden Seiten kann deshalb nur versucht werden, einige wesentliche Grundzüge des Menschen Nobel herauszuarbeiten. Dabei sollen vor allem seine literarisch-philosophischen Ambitionen sowie seine Vorstellungen für eine friedliche Menschheitsentwicklung behandelt werden.

Vorangeschickt werden soll eine Beschreibung seiner äußeren Erscheinung etwa in seinem 50. Lebensjahr, als er gewissermaßen auf der Höhe seines Schaffens stand:

Er wäre uns mit kurzen, energischen Schritten eines Eiligen, der rasch seinem Ziele zustrebt, entgegengekommen: Ein lebhafter, aber ernster, nicht ganz mittelgroßer und leicht gebückt gehender Herr. Seine Stirn war hoch, und ein dunkler, gepflegter, graumelierter Bart umrahmte sein blasses Gesicht, das nicht mehr so sehr sein einstiges, gutes Aussehen, als vielmehr seinen Charakter verriet. In seinen Zügen lag ein etwas gespannter, gequälter Ausdruck, der aber durch den freundlichen Blick seiner unter buschigen Brauen hervorblitzenden, blauen Augen gemildert wurde. Ge-

legentlich, am Schreibtisch, zwang ihn seine Kurzsichtigkeit, sich seinen an einer schwarzen Kordel hängenden Kneifer auf die kräftig ausgebildete Nase zu klemmen. Sein Äußeres strahlte peinlichste Gepflegtheit aus, obwohl seine Kleidung nicht im Stil der allerneuesten Mode gehalten war; aber sie war schlicht, bequem und von feiner Qualität, wie alle Dinge, mit denen er sich umgab ... ein Fremder mochte ihn auf den ersten Blick wohl sogar für einen langweiligen, mürrischen Menschen halten, der nur eine untergeordnete Rolle spielt.
Eigensinnig mied er große, laute Gesellschaften und Galavorstellungen, doch unter vertrauten Freunden und Kollegen wurde er sogleich ein völlig anderer Mensch: Er gab sich gelöst und war gegen alle ein höflicher, guter Zuhörer ... So schätzte man ihn allgemein wegen seiner Bescheidenheit, wenn auch zeitweise seine ungeheure Nervosität, die er nur durch eiserne Selbstdisziplin im Zaume zu halten vermochte, nicht zu übersehen war. [3, S. 193]

Ähnlich schilderte ihn auch Bertha v. Suttner, die nach seinen Briefen zunächst folgenden Eindruck von ihm hatte:

... Er schrieb geistvoll und witzig, doch in einem schwermütigen Ton. Der Mann schien sich unglücklich zu fühlen, ein Menschenverächter zu sein und von umfassendster Bildung, von tief philosophischem Weltblick. Er, der Schwede, dessen zweite Muttersprache Russisch war, schrieb mit gleicher Korrektheit und Eleganz Deutsch, Französisch und Englisch. [28, S. 162]

Nobel litt viel an Herzbeschwerden, Atemnot und starken Kopfschmerzen, wodurch er launenhaft wurde und häufig als grimmiger Spötter auftrat. Seine offenbar angeborene Melancholie und das Fehlen einer wirklichen Häuslichkeit ließen ihn oft an seiner Einsamkeit verzweifeln. Er schloß nur schwer Freundschaften, war gegenüber neuen Bekannten sehr mißtrauisch, wurde allerdings auch des öfteren enttäuscht. Als sein Bruder Ludwig 1887 von ihm für eine Familienchronik eine Autobiographie erbat, antwortete er ihm, nachdem er seine generelle Abneigung gegen solcherlei Dinge geäußert hatte:

Alfred Nobel – erbärmliches Halbgeschöpf, hätte bei seinem Eintritt ins Leben von einem menschenfreundlichen Arzt erstickt werden sollen. Hauptverdienste: Er hält seine Nägel sauber und fällt der Öffentlichkeit nicht zur Last. Hauptfehler: Ohne Familie, heiter und ein Vielfraß. Größte und einzige Bitte: Nicht lebendig verbrannt zu werden. Größte Sünde: Betet den Mammon nicht an. Bedeutende Ereignisse in seinem Leben: Keine. [3, S. 224]

Nobels politisch-soziale Ansichten

Nobel sah seine Arbeit stets unter dem Gesichtspunkt, für die Menschheit etwas Nützliches zu tun. Dabei war er sich über die Zwiespältigkeit dieses Strebens gerade bei seinen Erfindungen durchaus bewußt. So schrieb er gegen Ende seines Lebens an Liedbeck:

> Es wäre beinahe schade, wenn ich jetzt abschrammte, denn ich habe besonders interessante Dinge unter den Händen. Aber seit die Biester mich zum Doktor der Philosophie gemacht haben, bin ich fast noch mehr Philosoph geworden als vorher und glaube, daß das Wort „nützen" ein Trugbild bedeutet.

Nobels politisch-soziale Ansichten einzuordnen, ist schwierig. Zwar verfolgte er aufmerksam die Weltpolitik – für den Gang seiner Geschäfte war dies ja wichtig –, aber von politischer Aktivität hielt er sich fern. Seiner Auffassung nach war internationale Politik ein „qualifiziertes Räuberspiel" [3, S. 202], und die bestehende kapitalistische Gesellschaftsordnung erkannte er als unvollkommen. Seine gesellschaftsverändernden Vorstellungen zielten jedoch in Richtung eines idealistisch verklärten Staatsverständnisses, bei dem die Herrschaft wenigen intellektuell hochstehenden Persönlichkeiten in durchaus diktatorischer Weise zufallen sollte.

> In der Unterhaltung trug er gern einen ziemlich starken Radikalismus zur Schau, und ohne allen Einfluß auf ihn ist der in seiner Jugend in Rußland so populäre Nihilismus wohl nicht geblieben. Aber im Grunde hatte Nobel gar kein Vertrauen zu dem politischen Verstand der Massen; er war kein Freund des allgemeinen Stimmrechts, noch weniger des Parlamentarismus, und er wollte der Regierung diktatorische Befugnisse geben. [25, S. 182]

Erziehung und Bildung hielt er für das Allheilmittel, um Wohlstand und Freiheit für alle schaffen zu können. Seine Auffassung, Wissenschaft könne die Menschen glücklich machen, war von einer romantischen Aufklärungsphilosophie geprägt. Die Klassengegensätze erkannte er nicht als Ursache der Knechtung des Menschen durch den Menschen, und damit blieb ihm eine progressive Einsicht in die gesellschaftliche Entwicklung verschlossen.

Sicher ist es positiv zu werten, daß er versuchte, den Arbeitern in seinen Betrieben günstige Arbeitsbedingungen zu schaffen, sie besser zu entlohnen, als dies in anderen Betrieben üblich war, und so manche Arbeitssicherheits- und Sozialmaßnahme auch tatsächlich durchführte. Seine „arbeiterfreundliche“ Gesinnung kommt auch darin zum Ausdruck, daß er es zu vermeiden suchte, Arbeiter zu entlassen, als einige unrentable Abteilungen geschlossen werden sollten: „... in einem solchen Falle müssen wir unbedingt nach einer Möglichkeit suchen, die uns diese Peinlichkeit erspart.“ Aber es ist ganz sicher eine Verkennung der tatsächlichen Zusammenhänge, daraus ableiten zu wollen, Nobel hätte damit sozialdemokratische Auffassungen vertreten, wie er selbst gelegentlich seine politisch-soziale Haltung einschätzte; der Terminus „sozial-reformistisch“ beschreibt seine Haltung wohl treffender. Nobel handelte dabei stets im Sinne des Unternehmers – wenn auch eines sehr liberalen Unternehmers. Und wenn möglicherweise auch in etwas anderem Sinne gemeint, als hier zitiert, so scheint mir Bergengrens Charakterisierung recht zutreffend, man könne Nobel den „bescheidensten Multimillionär seiner Zeit“ [3, S. 205] nennen. Dieser Haltung entsprach es auch, daß Nobel seinen Mitmenschen gegenüber stets hilfsbereit und großzügig war. Ebenso widersprach es völlig seinem Wesen, sich mit anderen Leuten in Streitereien einzulassen, und er gab so weit wie möglich nach. So bemerkte er 1883: „Ich hasse den Streit wie die Pest, selbst mit Leuten, die mir Grund dazu gegeben haben.“ Auch seine Patentprozesse führte er deshalb nur mit halbem Herzen, selbst wenn er im Recht zu sein schien, und versuchte sich lieber irgendwie zu arrangieren.

Seine Abneigung gegen Ehrungen und Repräsentationspflichten war schon erwähnt worden. Eigentlich gab es nur zwei Ehrungen, die er mit echter Freude entgegengenommen hat: die Mitgliedschaft in der Schwedischen Akademie der Wissenschaften seit 1884 und die 1893 erfolgte Ernennung zum Ehrendoktor der Universität in Uppsala.

Nobels literarisch-philosophische Ambitionen

Neben seinen technischen Erfindungen galt Nobels Interesse vor allem der Literatur. Seit frühester Jugend hatte er eine enge Bindung zu ihr, und seine Bibliothek enthielt viele Werke der Weltliteratur.

Nach seiner Ansicht bildeten die Errungenschaften der Naturwissenschaft die Bausteine für das Glück kommender Geschlechter, die idealistische Botschaft aber, die die Literatur zu vermitteln bestrebt ist, gehörte zu den festen Bestandteilen dieses Glücks. [3, S. 208 f.]

Ein besonderes Verhältnis hatte er zu George G. N. Byron und Percy B. Shelley. Diese Vertreter der englischen revolutionären Romantik hatten Nobel schon in seiner Jugend stark beeinflußt; deren idealistische Vorstellungen von einer zukünftigen Menschheit ohne soziale Widersprüche und des in Weltschmerz-Pathos kämpfenden einsamen Helden prägten Nobels philosophische Ansichten und weltanschauliche Haltungen für sein ganzes Leben. Seine eigenen literarischen Versuche widerspiegeln die enge Anlehnung an diese hochgeschätzten Vorbilder.

Zu den Schriftstellern, die Nobel in späteren Jahren schätzte, gehörten vor allem Hugo, Maupassant, Balzac sowie Turgenjew; Tolstoi, Dostojewski oder Gogol las er mit Interesse, Zola dagegen lehnte er ab, denn diese Art von Literatur widersprach seinem idealistischen Lebensbild. Wohlwollend stand er der skandinavischen Literatur gegenüber und ließ sich von Ibsen, Björnson, Rydberg oder Lagerlöf begeistern.

Erwähnt wurde bereits Nobels Jugendgedicht „Das Rätsel", aus dem wir verschiedene Aufschlüsse über seine Kindheit entnehmen können. In den Nobel-Archiven werden eine Reihe weiterer Gedichte aufbewahrt, veröffentlicht wurden sie bisher nicht. Er schrieb diese Gedichte vor allem in englischer Sprache – der Sprache seiner Lieblingsdichter – und in schwedischer Sprache. In Anlehnung an seine Vorbilder tragen seine Gedichte stark mystische Züge. „Es gibt eine Philosophie des Gefühles, wie es eine der Gedanken gibt ..."; diese Sentenz auf dem Umschlag eines seiner Laborbücher liegt seinen poetischen Versuchen zugrunde.

Die literarische Qualität von Nobels Poesie kann hier nicht eingeschätzt werden. Es gibt unterschiedliche Auffassungen dazu, aber sie ist für uns eine wichtige Quelle und Hilfe für das Verständnis seiner Persönlichkeit. Bezüglich der Qualität wollen wir gelten lassen, obwohl dies kein Maßstab sein kann, daß er selbst einen Teil vernichtet und nur ein Werk zum Druck gegeben hat. Dieses wurde allerdings von den Testamentsvollstreckern noch vor Auslieferung zurückgezogen. Schück meint, daß Nobels dichterische Fähigkeit mit den Jahren schwand, da er keine Zeit hatte, sich diesem Metier ausreichend zu widmen: „... wenn seine Dichterbegabung sich hätte entwickeln dürfen, wäre er sicher ein Dichter geworden ..." [25, S. 195]

Zu erwähnen sind auch Nobels Versuche auf anderen literarischen Gebieten, in denen er seine sozial- und staatspolitischen Auffassungen formulierte, z. B. in den Novellen „Im hellsten Afrika" von 1861 oder „Die Schwestern" von 1862. In den Skizzen und Fragmenten zu der Komödie „Der Patent-Bazillus" (1895) legte er seine Eindrücke und Ansichten nieder, die er aus dem Cordit-Prozeß gewonnen hatte. In der Tragödie „Nemesis" (1895/96) versuchte er weltanschauliche und gesellschaftspolitische Probleme zu diskutieren; Ausgangspunkt war Shelleys „Beatrice Cenci". Die Darstellung in diesen Werken ist durch unnatürliche Charakterzeichnung und steife Sprache gekennzeichnet; von historischer Bedeutung ist auch hierin allein die Darlegung Nobelscher philosophischer Auffassungen.

Dieser tiefen Neigung für die Literatur steht gegenüber, daß Nobel kein Verständnis für Musik hatte und kein Musikinstrument spielte. Der bildenden Kunst stand er ebenfalls recht naiv gegenüber. Dennoch konnte er auch hierin ein höflicher Gesprächspartner sein.

Erwähnt sei noch seine Haltung zur Religion, die ebenfalls insbesondere durch die Shelleysche Philosophie geprägt war. Lutherisch getauft, war er ein Gegner des Glaubens an Gott. Sein Atheismus war geprägt von einem umfassenderen Glauben an ein idealisiertes Menschheitsglück im Sinne Shelleys. Unter diesem Gesichtspunkt ist auch seine finanzielle Unterstützung der Schwedischen Kirche in Paris zu verstehen. Mit deren Pastor, dem späteren schwedischen Erzbischof Nathan Söderblom, war er freundschaftlich verbunden. Ihm schrieb er 1885 u. a.:

> ... Beide stimmen wir darin überein, daß wir unserem Nachbarn das tun sollen, was wir wollen, daß er es uns tue. ... Hinsichtlich der Religion wird man wohl ebensowenig jemals wissen, was man glauben soll, wie man das Problem der Quadratur des Kreises zu lösen vermag. Sich darüber klar zu werden, was man nicht glauben kann, liegt aber sehr wohl im Bereich unserer Möglichkeiten ... [3, S. 201]

Nobels Stellung zur Friedensbewegung

„Ich für mein Teil wünsche alle Gewehre und alles, was dazugehört, zum Teufel; dort ist der richtige Ort, sie zu zeigen und zu gebrauchen“, schrieb Nobel Ende der achtziger Jahre. Diese Auffassung eines Mannes, der Sprengstoffe produzierte und insbesondere am militärischen Geschäft verdiente, ja seit den achtziger Jahren selbst intensiv an militärischen Forschungen beteiligt war, mag auf den ersten Blick paradox klingen, wenn nicht sogar einem Affront gleichkommen. Eine solche Schlußfolgerung wäre jedoch oberflächlich.

Nobel war ein Gegner von Gewalttätigkeit in jeder Form, was in seiner philosophisch-weltanschaulichen Bildung begründet liegt. Im Laufe der Jahre entwickelte sich diese Einstellung zu einer absolut pazifistischen Grundhaltung. War diese Haltung in den frühen und mittleren Lebensabschnitten mehr passiver Natur – denn als aktiver Kriegsgegner ist er, wie wir ausgeführt haben, nicht aufgetreten, sondern hat sich möglichst abseits der Krisenherde aufgehalten –, so wurde sie in den letzten Lebensjahren wesentlich aktiviert – nicht zuletzt durch die Bekanntschaft mit Bertha v. Suttner. Wie in vielen anderen Fällen, so war allerdings auch hier seine Position die eines idealistischen Außenseiters.

Im Jahre 1889 hatte Bertha v. Suttner ihren aufsehenerregenden Roman „Die Waffen nieder“ veröffentlicht, der der bürgerlichen Friedensbewegung, der sie seit einigen Jahren angehörte, einen enormen Aufschwung verlieh. Diese Friedensbewegung, die sich Ende des 19. Jahrhunderts unter den humanistisch gesinnten Intellektuellen vieler Länder ausbreitete, zielte darauf ab, Streitfragen zwischen den Staaten durch Verhandlungen vor einem internationalen Gerichtshof zu klären und zumindest eine teilweise Abrüstung zu erreichen. Diese bürgerliche Friedensbewegung war jedoch von Anfang an zum Scheitern verurteilt, da sie das Zusammengehen mit der Arbeiterklasse mied und davon ausging, daß in der bestehenden kapitalistischen Gesellschaftsordnung allein durch Appelle an Moral und Gewissen sowie den „guten Willen“ zum Frieden etwas erreicht werden könnte.

Bertha v. Suttner wurde in den neunziger Jahren eine der exponiertesten Vertreterinnen dieser Friedensbewegung. Und wenn Bertha v. Suttner Alfred Nobel die Friedensidee auch nicht erst einpflanzen mußte, so hat sie doch sicherlich sein Nachdenken darüber aktiviert. Eigentlich erkannte der scharfsinnige Nobel recht klar, daß diese bürgerliche Friedensbewegung keine großen Chancen hatte, unter den bestehenden gesellschaftlichen Bedingungen ihre Ziele zu verwirklichen. Sarkastisch bemerkte er 1891 in einem Brief an Bertha v. Suttner: „Ich glaube, es fehlt weniger an Geld als am Programm. Die Wünsche allein sichern nicht den Frieden." [28, S. 271]

Seine eigenen Schlußfolgerungen waren jedoch genauso idealistisch. Sein von seinen philosophischen Ideen über die Rolle der intellektuellen Persönlichkeit geprägter Pazifismus war im Grunde nur eine andere Spielart dieser Friedensbewegung. Nach dem vierten Weltfriedenskongreß 1892 in Bern äußerte Nobel anläßlich eines Treffens mit Bertha v. Suttner in Zürich[1]:

> Meine Fabriken werden vielleicht dem Krieg noch früher ein Ende machen als Ihre Kongresse: an dem Tag, da zwei Armeekorps sich gegenseitig in einer Sekunde werden vernichten können, werden wohl alle zivilisierten Nationen zurückschaudern und ihre Truppen verabschieden. [28, S. 302]

Was ist dies anderes als die auch heute noch in der bürgerlichen Welt verbreitete reaktionäre Theorie vom „Gleichgewicht des Schreckens", das den Frieden sichern solle. Hier sind falsche Prämissen gesetzt, die zu gefährlichen Konsequenzen führen; bürgerlichen Intellektuellen ist eine solche Denkweise allerdings nicht fremd, da sie die wirklichen gesellschaftlichen Ursachen des Krieges nicht erkennen (wollen).

Noch deutlicher werden Nobels Vorstellungen aus einer überlieferten Bemerkung gegenüber dem französischen Rüstungsindustriellen E. Schneider jun. aus dem Jahre 1890:

> Eine Erhöhung der tödlichen Präzision des Kriegsmaterials wird uns den Frieden nicht sichern. Die beschränkte Wirkung der Sprengstoffe bildet in dieser Hinsicht ein großes Hindernis. Es gibt nur ein Mittel der Abhilfe: Der Krieg muß so geführt werden, daß nicht nur der Soldat an der Front, sondern auch die Zivilbevölkerung in der Heimat von der Vernichtung bedroht wird. Lassen Sie das Damokles-Schwert über jedermanns Haupt schweben, meine Herren, und sie werden Zeugen eines Wunders werden – jegliche kriegerische Handlung wird innerhalb kürzester Zeit eingestellt werden, wenn die Waffen zum Beispiel bakteriologischer Natur sind.

---

[1] Nobel hatte kurzzeitig als Zuschauer an diesem Kongreß teilgenommen und die Suttners danach nach Zürich eingeladen. Er besaß auf dem Zürichsee ein völlig aus Aluminium gebautes kleines Motorboot.

An der Verwirklichung dieser Idee arbeitete Nobel in den letzten Jahren. Hierin ist einer der Gründe zu sehen, warum er die Waffenfabrik in Bofors erwarb und warum er sich mit der Konstruktion von Geschützen befaßte.
Nobels Vorstellungen von der Erhaltung des Friedens sind also genauso idealistisch wie die der Mitglieder der bürgerlichen Friedensbewegung, nur schweben Nobel andere Methoden zu seiner Erlangung vor – allerdings wesentlich gefährlichere. Die Hochachtung vor allem vor Bertha v. Suttner hat ihn jedoch immer wieder bewogen, die Friedensbewegung auch finanziell zu unterstützen. Andererseits hat ihn wohl der Briefwechsel mit Bertha v. Suttner gezwungen, über die Möglichkeiten der Erhaltung des Friedens selbst neu nachzudenken und seine eigenen Vorstellungen kritisch zu durchdenken. So war seine Ansicht, den Frieden durch militärische Macht zu sichern, ebenfalls Wandlungen unterworfen. Eine seiner Varianten bestand in einem gegenseitigen Verteidigungsbündnis aller Staaten, wonach sich alle Beteiligten verpflichten sollten, jedes angegriffene Land gemeinsam zu verteidigen.
Aus solchen Überlegungen resultierte dann wohl auch jener Brief an Bertha v. Suttner vom 7. Januar 1893, in dem er erstmals die Idee eines Friedenspreises entwickelte:

Ich möchte einen Teil meines Vermögens dazu verwenden, einen Preis zu stiften, der alle fünf Jahre verteilt werden soll (nehmen wir an sechsmal, denn wenn es in dreißig Jahren nicht gelungen ist, das gegenwärtige System zu reformieren, wird man notgedrungen in die Barberei zurückfallen).
Dieser Preis würde demjenigen oder derjenigen zuerkannt werden, die Europa veranlaßten, den größten Schritt zur allgemeinen Befriedung zu tun.
Ich spreche nicht von Abrüstung, die nur sehr langsam vorankommen kann; ich spreche nicht einmal von einem für alle Nationen verbindlichen Schiedsspruch. Aber man wird bald zu diesem Ergebnis kommen müssen (und man kann dorthin gelangen), wenn alle Staaten sich verpflichten, sich geschlossen gegen den ersten Angreifer zu wenden. Dann werden die Kriege unmöglich werden ... [28, S. 303]

Es sei noch einmal ausdrücklich betont, daß Nobel bereits seit seiner Jugend eine starke Abneigung gegen den Krieg hegte. Seine pazifistischen Vorstellungen wurden vor allem durch die philosophischen Ansichten seiner Lieblingsschriftsteller Byron und Shelley geprägt. Zwar resultierte seine Beschäftigung mit Sprengstoffen aus den militärischen Entwicklungen seines Vaters, aber sein Ziel bei der Erfindung und Einführung des Sprengöls und des Dynamits war die friedliche Anwendung. Dem Oberst Shaffner hatte Nobel im Jahre 1866 die militärische Nutzung seiner amerikanischen Sprengölpatente für 1 Dollar überlassen, da er an eine solche Verwendung weder glaubte noch daran interessiert war [13, S. 80].

Die in diesem Kapitel skizzierte Entwicklung in seinen späteren Lebensjahren ist damit eine konsequente Folge seiner in der Jugend geprägten Weltanschauung. War Nobel in seinen Ansichten und Aktivitäten auch in dieser Hinsicht ein Einzelgänger, so finden wir solche Auffassungen doch bei verschiedenen mit militärischen Entwicklungen befaßten Ingenieuren und Wissenschaftlern, teils als Entschuldigung, teils aus ehrlicher Überzeugung. So ist von dem bereits erwähnten Ingenieur John Ericsson, der u. a. den ersten Zerstörer konstruierte, folgender, den Nobelschen Vorstellungen ähnlicher Ausspruch überliefert: „Die Kriegskunst befindet sich noch in den Anfängen. Wenn sie erst entwickelt ist, wird sie den Menschen dazu zwingen, friedlich zu leben." [31, S. 48]

Nobel war ehrlich von der Notwendigkeit der Erhaltung des Friedens als Voraussetzung für die Entwicklung der Menschheit überzeugt, nur erkannte er die wahren Ursachen des Krieges nicht, und so mußten seine Vorstellungen von den Möglichkeiten zur Sicherung des Friedens zwangsläufig untauglich sein.

Das Testament

Neben seinen Sprengstoff-Erfindungen und dem Aufbau einer entsprechenden Industrie hat sich Nobel den Ruhm für die Nachwelt vor allem durch sein Testament bewahrt. Nach allem, was wir über Nobel wissen, ist dieses Testament sicher kein Akt der postumen Wiedergutmachung dafür, daß seine Erfindungen dem kriegerischen Zerstörungswerk dienten, wie manchmal behauptet wird, oder daß sich der vereinsamte Erfinder auf diese Weise ein Denkmal setzen wollte. Beides widerspräche völlig Nobels weltanschaulich-philosophischen Auffassungen.

Vielmehr sind die Hauptgründe für dieses Testament wohl in den folgenden Grundauffassungen Nobels zu sehen (aus verschiedenen Äußerungen zusammengestellt):

- „... halte ich große ererbte Vermögen für ein Unglück ... Wer im Besitz eines großen Vermögens ist, sollte ... dies nur zu einem kleinen Teil auf seine Verwandten übergehen lassen. [Was über das für Leben und Erziehung Nötige hinausgehe – H. K.] ... hieße nur ... die gesunde Entwicklung der Fähigkeit des Individuums behindern ..."
- „... Meine natürliche Neigung treibt mich weniger dazu, einem Toten eine Ehre zu erweisen ..., als vielmehr einem in Not geratenen Lebenden zu helfen."
- „Bildung bedeutet Wohlstand – wobei ich an den Wohlstand im allgemeinen denke ... Die Errungenschaften der wissenschaftlichen Forschung und ihr Übergreifen auf immer weitere Gebiete weckt in uns die Hoffnung, daß Mikroben, und zwar die seelischen wie die körperlichen, Schritt für Schritt ausgerottet werden könnten. Der einzige Krieg, auf den die Menschheit sich in Zukunft einlassen sollte, dürfte ausschließlich der Krieg gegen diese Mikroben sein."

Diese Aspekte muß man berücksichtigen, wenn man Nobels Testament vom 27. November 1895, aufgesetzt in Paris in schwedischer Sprache unter Anwesenheit einiger Freunde, aber ohne Rechtsanwalt, liest. Frühere Testamente (bekannt ist nur eines aus dem

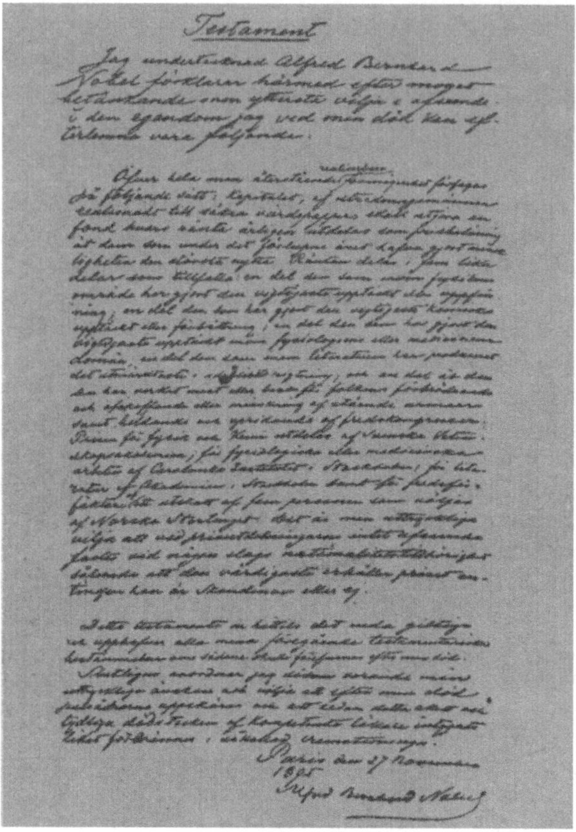
Testament

16 Testament Alfred Nobels, von ihm selbst geschrieben [25]

Jahre 1893) wurden damit außer Kraft gesetzt. Er verfügte darin, eingeäschert[1] und im Nobelschen Familiengrab beigesetzt zu werden. Für Verwandte und Freunde bestimmte er einen Anteil von etwa 1,5 Millionen Schwedenkronen (der Zeitwert seines ge-

[1] Ausdrücklich heißt es, daß ihm vorher von kompetenten Ärzten die Pulsadern geöffnet und der Tod festgestellt werden solle. Nobel hatte sein Leben lang ebenso wie sein Vater große Angst vor dem lebendig begraben werden (vgl. z. B. die vorn zitierte Autobiographie für den Bruder, S. 88).

samten Vermögens betrug etwa 33 Millionen Schwedenkronen[1] = 25,5 Millionen Mark).

Der entscheidende Abschnitt des Testaments lautet:

Über mein übriges realisierbares Vermögen wird auf folgende Weise verfügt: das Kapital, vom Testamentsvollstrecker in sichren Wertpapieren realisiert, soll einen Fonds bilden, dessen jährliche Zinsen als Preise denen zuerteilt werden, die im verflossenen Jahr der Menschheit den größten Nutzen geleistet haben. Die Zinsen werden in fünf gleiche Teile geteilt, von denen zufällt: ein Teil dem, der auf dem Gebiet der Physik die wichtigste Entdeckung oder Erfindung gemacht hat; ein Teil dem, der die wichtigste chemische Entdeckung oder Verbesserung gemacht hat; ein Teil dem, der die wichtigste Entdeckung auf dem Gebiet der Physiologie oder der Medizin gemacht hat; ein Teil dem, der in der Literatur das Ausgezeichnetste in idealistischer Richtung hervorgebracht hat; ein Teil dem, der am meisten oder besten für die Verbrüderung der Völker gewirkt hat und für die Abschaffung oder Verminderung der stehenden Heere sowie für die Bildung und Verbreitung von Friedenskongressen. Die Preise für Physik und Chemie werden von der Schwedischen Akademie der Wissenschaften verteilt; die für physiologische oder medizinische Arbeiten vom Karolinska Institut in Stockholm; die für Literatur von der Akademie in Stockholm und die für Friedensvorkämpfer von einem Ausschuß von fünf Personen, die vom Norwegischen Storthing gewählt werden. Es ist mein ausdrücklicher Wille, daß bei der Preisverleihung keine Rücksicht auf die Zugehörigkeit zu irgendeiner Nation genommen wird, so daß der Würdigste den Preis erhält, ob er nun Skandinavier ist oder nicht.
Zu Vollstreckern dieser meiner testamentarischen Verfügung bestimme ich Herrn Ragnar Sohlmann, wohnhaft in Bofors, Vermland, und Herrn Rudolf Lilljequist, 31 Malmskilnadsgatan, Stockholm, und Bengtsfors in der Nähe von Uddevalla.

Die Auswahl der preiswürdigen Gebiete wird aus Nobels Lebenslauf plausibel: mit dem Friedenspreis war erstmals die Idee einer Preisverteilung gekommen, in der Literatur sah er eine wichtige Quelle für die Verwirklichung seiner Idee von der humanistischen Bildung der Menschheit, die Medizin sollte diese Menschheit erhalten helfen. Weiter ist anzunehmen, daß er mit den Preisen für Physik und Chemie eine gewisse Schuld abtragen wollte, die er als Erfinder gegenüber der „rein“ wissenschaftlichen Forschung empfand, die die Grundlagen für seine Erfindungen erarbeitet hatte, und die in der Regel von der praktischen Nutzung keine finanziellen Vorteile hat.

[1] Umgerechnet auf heutige Währung entpricht das etwa 300 Millionen Kronen.

Ob sich Nobel bei seiner Preisstiftung von Vorbildern leiten ließ, ist ungewiß. Gewisse Ähnlichkeiten bestehen mit den Verleihungsgrundsätzen der Rumford-Medaille der Royal Society in London [33, S. 133], und gewisse Beziehungen bestehen auch zum Letterstedt-Preis, den Nobel selbst besaß.
Es gibt keine schriftlichen Äußerungen Nobels, die seine Testamentsbestimmungen genauer interpretieren. So mußte man sich bei der Realisierung auch auf Aussagen stützen, die seine bei der Abfassung beteiligten Freunde über Nobels Intentionen machten. Das war um so notwendiger, als einige Passagen nicht nur im juristischen Sinne verschiedene Auslegungen zulassen. Wichtig ist dabei u. a. folgende Feststellung eines Testamentszeugen:

Aus meinen Gesprächen mit Doktor Nobel bekam ich die bestimmte Auffassung, daß es nicht seine Absicht war, das Testament solle unbedingt streng nach dem buchstäblichen Wortlaut angewandt werden. Eher würde die Unterlassung, ausführliche Bestimmungen zu treffen, ein Beweis dafür sein, daß er in der Anwendung des Testaments den damit Betrauten die größtmögliche Freiheit lassen wollte. [3, S. 186]

Eine der ersten Schwierigkeiten bestand darin, festzustellen, welches Land (und damit welches Gericht) mit der Vollstreckung beauftragt werden könnte. Schließlich konnte das Landgericht in Karlskoga als zuständig festgelegt werden. Die Presse versuchte, die Verwandten zur Anfechtung dieses Testaments aufzuhetzen. Hier half erst ein klärendes Wort von Nobels Neffen Emanuel Nobel, der nach heftigen familiären Auseinandersetzungen 1898 erklärte, er wolle den letzten Willen seines Onkels achten und das Testament nicht anfechten. Mit finanziellen Zugeständnissen konnte auch Sofie Hess befriedigt werden, die bis zuletzt versucht hatte, Veränderungen zu ihren Gunsten zu erreichen. Danach konnten schließlich die Testamentsvollstrecker – insbesondere Sohlmann erwarb sich hierbei große Verdienste – daran gehen, Nobels großes Vermächtnis nun tatsächlich zu realisieren.
Die Institutionen, die als verantwortlich für die Preisverteilung vorgesehen waren, hegten anfangs durchaus berechtigte Zweifel, ob sie dieser Aufgabe gewachsen wären. Die Bedingungen waren deshalb genau zu prüfen und festzulegen. Mit Beschluß der Schwedischen Regierung vom 19. Juni 1900 wurde die Errichtung der Nobel-Stiftung mit ihren Statuten und speziellen Festlegungen zur Preisverteilung rechtskräftig.

Anhang: Einige Betrachtungen zum Nobelpreis

Seit 1901, dem Jahr, in dem erstmals Nobelpreise vergeben wurden, sind rund 500 Persönlichkeiten damit geehrt worden. Der Nobelpreis gehört heute zu den begehrtesten internationalen Preisen und ist wohl die Krönung der Lebensarbeit eines jeden Ausgezeichneten. Dennoch – oder gerade deshalb – sind die Verleihungen, insbesondere aus dem nichtnaturwissenschaftlichen Bereich, immer wieder umstritten. Wurden die „richtigen“ Entdekkungen bzw. Leistungen ausgewählt? Hat das Preiskomitee wirklich unbeeinflußt entschieden? Die Stellung der Nobelpreisträger in der Gesellschaft ist stets eine exponierte. Bilden sie eine Elite der menschlichen Gesellschaft? Nachfolgend soll versucht werden, einige Aspekte zu beleuchten, die mit der Nobelpreisverleihung zusammenhängen.

Preisverleihende Institutionen und Verleihungsmodus

Mit dem vom schwedischen König verkündeten Regierungsbeschluß vom Juni 1900 war die Stiftung 3½ Jahre nach Nobels Tod Realität geworden. Ohne auf die Statuten hier im einzelnen einzugehen, seien die wichtigsten Punkte erwähnt. Zunächst die Institutionen, die für die Verwaltung des Vermögens und die Preisverteilung verantwortlich sind:

1. Die Nobel-Stiftung mit ihren Kuratoren und einem Verwaltungsrat für die ökonomische Absicherung und als zentrale Körperschaft.
2. Vier Institutionen, die mit der Preisverteilung beauftragt wurden, und zwar:
   - die Königliche Schwedische Akademie der Wissenschaften in Stockholm für Physik und Chemie (ab 1969 auch Wirtschaftswissenschaften),
   - das Königliche Karolinische Mediko-Chirurgische Institut in Stockholm für Physiologie und Medizin,

– die Schwedische Akademie in Stockholm für Literatur,
– das Nobel-Komitee des Norwegischen Storting für Frieden.

3. Ein Nobel-Komitee von 3–5 Personen, das für jeden Preis aus der jeweiligen preisverleihenden Körperschaft gebildet wird und Vorschläge für die Verleihung unterbreitet und/oder eingehende Vorschläge begutachtet.
4. Vier Nobel-Institute, die den verleihenden Körperschaften als beratende Gremien zugeordnet wurden, sich inzwischen aber zu leistungsfähigen Forschungsinstitutionen entwickelten.

Der Grund dafür, Institutionen in Schweden und Norwegen mit der Preisverleihung zu beauftragen, liegt darin, daß beide Länder bis 1905 eine Union bildeten.

Die Königliche Akademie der Wissenschaften (Kongl. Vetenskaps-Akademien) zu Stockholm wurde 1739 begründet, die Schwedische Akademie (Svenska Akademien) zu Stockholm 1786. Das Kgl. Karolinische Medico-Chirurgische Institut (Kongl. Karolinska Mediko-Kirurgiska Institut) ist im Jahre 1815 errichtet worden.

Seit 1926 hat die Nobel-Stiftung („Nobelstiftelsen" – „The Nobel Foundation") ihren Sitz im Nobel-Haus in Stockholm. Die Statuten wurden mit Wirkung vom 1. Dezember 1974 überarbeitet. Das Vermögen der Stiftung ist in Wertpapieren, Pfandbriefen, Immobilien u. dgl. angelegt. Das Grundkapital befindet sich hauptsächlich in Schweden und Norwegen. Die Preise sowie die Organisationskosten der Stiftung werden aus dem Nettoertrag dieses Kapitals bestritten; mit einem Zehntel des Ertrages wird das Grundkapital jährlich aufgestockt.

Die Auswahl der Preisträger erfolgt auf folgendem Wege:

Bis 31. Januar müssen die Vorschläge bei den Nobel-Komitees eingehen. Die Aufforderung dazu ergeht im Herbst des Vorjahres. Vorschlagsberechtigt sind (bei den einzelnen Preisen gibt es gemäß der unterschiedlichen Organisationsstruktur der verleihenden Körperschaft etwas differierende Festlegungen – wir beziehen uns auf Physik und Chemie):

– Schwedische und ausländische Mitglieder der Königlichen Akademie der Wissenschaften,
– Mitglieder der Nobel-Komitees für Physik und Chemie,
– Wissenschaftler, die bereits Träger eines Nobelpreises für Physik oder Chemie sind,
– ordentliche Professoren für Physik und Chemie der Universi-

täten Uppsala, Lund, Oslo, Kopenhagen, Helsinki, des Karolinischen Mediko-Chirurgischen Instituts und des Königlichen Instituts für Technologie, sowie beamtete Dozenten für Physik und Chemie der Universität Stockholm,

- Inhaber entsprechender Lehrstühle von mindestens sechs Universitäten oder vergleichbaren Institutionen, die von der Königlichen Akademie der Wissenschaften ausgewählt werden, um

17 Schwedische Nobelpreis-Medaillen [Les Prix Nobel 1902–1904]
oben links: Vorderseite
oben rechts: Physik und Chemie
unten links: Physiologie und Medizin
unten rechts: Literatur

eine angemessene Verteilung unter den verschiedenen Ländern und Lehrstühlen zu gewährleisten,
- Wissenschaftler aus aller Welt, die von der Akademie um ihren Vorschlag gebeten werden.

Nicht gestattet ist es, sich selbst vorzuschlagen. Ebenso werden unaufgefordert eingesandte Vorschläge - ob von Einzelpersonen oder irgendwelchen Gremien und Gesellschaften - nicht berücksichtigt.

Bis zum September des jeweiligen Jahres werden die eingegangenen Vorschläge von den Komitees begutachtet und dann der preisverteilenden Körperschaft unterbreitet, der allein die Entscheidung zufällt. Bis 15. November (meist jedoch um den 21. Oktober - Nobels Geburtstag) werden die Preisträger bekanntgegeben. Am 10. Dezember - Nobels Todestag - erfolgt die Verleihung: der Friedenspreis in der Aula der Osloer Universität, die anderen Preise im Stockholmer Konzerthaus durch den schwedischen König.

Jeder Preisträger erhält eine goldene Nobelmedaille, das Nobeldiplom sowie eine Geldprämie. Die Höhe betrug 1901 150 800 Kronen, 1978 725 000 Kronen. Die Zeremonie wird durch ein Festessen beendet. Am Tage der Preisverleihung oder einem der folgenden Tage (bis spätestens 6 Monate danach) halten die Laureaten in der Regel einen Festvortrag, die sog. Nobelvorlesung. Gemäß der Testamentsbestimmung sollen die Preise Personen zuerkannt werden, die die preiswürdige Leistung im vorangegangenen Jahr vollbracht haben. Bereits die Testamentsvollstrecker waren sich darin einig, daß diese Bestimmung im weiteren Sinne zu interpretieren sei. Insbesondere bei den Wissenschaftspreisen ist diese Bedingung kaum einzuhalten, denn gesellschaftliche Anerkennung einer wissenschaftlichen Idee oder sogar die Feststellung ihres praktischen Nutzens braucht in der Regel mehr als ein Jahr. Dies ist objektiv bedingt. Eine weitere Bedingung für die Preisverleihung ist, daß die entsprechenden Arbeiten publiziert sein müssen und daß der Auszuzeichnende zum Zeitpunkt der Einreichung des Vorschlages noch lebt.

Ein Preis kann bis zum folgenden Jahr zurückgehalten werden oder überhaupt nicht verteilt werden, wenn aus verschiedenen Gründen keine preiswürdige Leistung gefunden wird. Das Geld fließt dann dem Stiftungsfonds zu. Er muß aber einmal innerhalb von 5

Jahren verteilt werden. Unterschiedliche Meinungen in den Nobel-Komitees und den verleihenden Körperschaften sollen weder zu Protokoll genommen noch der Öffentlichkeit mitgeteilt werden – nur die endgültige Entscheidung wird bekanntgegeben. Dadurch soll sowohl eine öffentliche Beeinflußung als auch eine mögliche Diskriminierung von in die engere Wahl gezogenen, aber nicht ausgezeichneten Persönlichkeiten vermieden werden.
Da eine preiswürdige Leistung nicht immer nur von einer Person allein erbracht wurde, können mehrere Personen, maximal drei – der Friedenspreis kann auch an Institutionen verliehen werden – ausgezeichnet werden. Folgende Varianten sind möglich:

1. Verleihung an eine Einzelperson.
2. Aufteilung des Preises je zur Hälfte auf zwei Personen, die an einem gemeinsamen Werk gearbeitet haben.
3. Aufteilung zu gleichen Teilen auf zwei Arbeiten.
3.1. Aufteilung des Preises je zur Hälfte auf zwei Personen.
3.2. Aufteilung des Preises zur Hälfte auf eine Person, die andere Hälfte zu gleichen Teilen auf zwei Personen.
3.3. Aufteilung des Preises zur Hälfte auf eine Person, die andere Hälfte „gemeinschaftlich" auf zwei Personen.
4. Vergabe des Preises „gemeinschaftlich" für eine Arbeit.
4.1. „gemeinschaftlich" an zwei Personen.
4.2. „gemeinschaftlich" an drei Personen.

Die Nobelpreise

Die Preisverteilungen aus historischer Sicht objektiv einzuschätzen ist schwierig; wieviel schwieriger ist da die Arbeit der Nobel-Komitees selbst. Dennoch gibt es offensichtlich Unterschiede in der Bestimmung dessen, was preiswürdig sei. Zum Teil liegen diese Schwierigkeiten natürlich objektiv in den ausgewählten Gebieten und den dazu von Nobel geäußerten Vorstellungen begründet.
Es kann festgestellt werden, daß die Liste der Nobelpreisträger für Naturwissenschaften und Medizin ein ziemlich „vollständiges Verzeichnis der größten Entdeckungen und bedeutendsten wissenschaftlichen Autoritäten" [59, S. 253] auf diesen Gebieten darstellt. Nur wenige Laureaten bzw. ihre Arbeiten nehmen aus historischer Sicht keinen bedeutenden Platz im Gebäude der Wissen-

schaften ein. Wegen der zahlenmäßigen Beschränkung der Preise muß man zwar feststellen, daß nicht jede preiswürdige Leistung auch einen Preis erhalten hat, aber man kann sagen, daß (fast) jede mit dem Preis ausgezeichnete Leistung dieser Auszeichnung auch würdig war.

Gleiches läßt sich aber vom Literaturpreis nicht sagen und schon gar nicht vom Friedenspreis. Natürlich soll damit nicht behauptet werden, daß es nicht auch auf diesen Gebieten Laureaten gäbe, die Bedeutendes für die Menschheit geleistet haben und die sich damit würdig neben die wissenschaftlichen Nobelpreisträger einordnen. Es seien hier nur stellvertretend genannt:

Literaturpreis: Theodor Mommsen (1902), Selma Lagerlöf (1909), Gerhart Hauptmann (1912), Rabindranath Tagore (1913), Thomas Mann (1929), Ernest Hemingway (1954), Pablo Neruda (1971).

Friedenspreis: Jean Henri Dunant (1901), Bertha v. Suttner (1905), Internationales Rotes Kreuz (1917, 1944, 1963), Fridtjof Nansen (1922), Carl v. Ossietzky (1936), Albert Schweitzer (1952), Linus Pauling (1963), Martin Luther King (1964). Aber insgesamt muß festgestellt werden,

> ... daß es auf dem Gebiet der Ideologie keine Neutralität und keine „klassenindifferente“ Linie geben kann. Die mit der Verleihung dieser „ideologischen“ Preise Beauftragten haben ihren Klassensympathien und -antipathien, ihrem bornierten bürgerlichen Geschmack reichlich Tribut gezollt. [59, S. 253]

Dieser Eindruck wird erhärtet, wenn man sich einen Überblick über die Verteilung der Staatsangehörigkeit der Nobelpreisträger verschafft[1]. Tafel 6 verdeutlicht dies für die wissenschaftlichen Nobelpreise. Einerseits ist ablesbar, daß die meisten Nobelpreisträger aus den industriell hochentwickelten Ländern kommen.[2] Andererseits fehlen in dieser Übersicht die Entwicklungsländer fast völlig, und die sozialistischen Staaten sind mit 15 Preisen

---

[1] Die Staatszugehörigkeit ist nicht immer einfach zu klären. Häufig führten Nobelpreisträger ihre ausgezeichneten Forschungen in anderen Ländern durch, als sie zum Zeitpunkt der Preisverteilung wohnhaft sind. Geboren sind sie oft in wieder einem anderen Land. Tafel 6 richtet sich nach den offiziellen Angaben der Nobel-Stiftung.

[2] Noch immer nimmt dabei das ehemalige Deutsche Reich die 3. Stelle hinter den USA (die den entscheidenden Zuwachs erst nach dem 2. Weltkrieg erhielten) und Großbritannien ein.

Tafel 6: Verteilung der wissenschaftlichen Nobelpreise (Anzahl der Preisträger) auf Länder und Disziplinen bis einschl. 1984

Land	Physik	Chemie	Physiol. u. Medizin	Wirtsch.	Summe
Argentinien	–	1	1	–	2
Australien	–	–	2	–	2
Belgien	–	1	3	–	4
BRD	4	7	3	–	14
China	2	–	–	–	2
ČSSR	–	1	–	–	1
Dänemark	3	–	5	–	8
(ehem.) Deutsches Reich	11	17	8	–	36
Finnland	–	1	–	–	1
Frankreich	9	6	8	–	23
Großbritannien	18	23	21	4	66
Indien	1	–	–	–	1
Irland	1	–	–	–	1
Italien	3	1	2	–	6
Japan	3	1	–	–	4
Kanada	–	1	2	–	3
Niederlande	6	2	3	1	12
Norwegen	1	1	–	1	3
Österreich	3	1	5	1	10
Pakistan	1	–	–	–	1
Portugal	–	–	1	–	1
Schweden	4	4	7	2	17
Schweiz	–	4	5	–	9
Spanien	–	–	1	–	1
Südafrikan. Union	–	–	1	–	1
UdSSR (einschl. vorrevol. Rußland)	7	1	2	1	11
Ungarn	–	1	2	–	3
USA	48	27	57	12	144
Summe	125	101	139	22	387

(die sich auf die ČSSR, die VR Ungarn und die UdSSR konzentrieren, wobei 5 den Preis noch vor der Revolution erhielten) deutlich unterrepräsentiert, denn die Qualität der Forschung ist in diesen Ländern anerkanntermaßen wesentlich höher, als dies in der Verteilung der Nobelpreise zum Ausdruck kommt. Es ist aber auch zu berücksichtigen, daß etwa 25 % der US-amerikanischen

Nobelpreisträger ursprünglich nach Nationalität und Staatsbürgerschaft nicht diesem Lande angehörten [56, S. 604].

Der *Physikpreis* wurde bis einschließlich 1984 78mal verliehen an insgesamt 125 Personen. Um die Jahrhundertwende herrschte in der Physik eine Umbruchsituation, mit der Relativitäts- und Quantentheorie entwickelte sich im ersten Drittel unseres Jahrhunderts die sogenannte moderne Physik. Den ersten Nobelpreis für Physik erhielt Wilhelm Conrad Röntgen 1901 für seine Entdeckung der X-Strahlen (Röntgen-Strahlen) im Jahre 1895, die gewissermaßen den Beginn der modernen Physik einleitete. Interessant ist, daß von den 11 für 1901 vorgeschlagenen Kandidaten 8 in den darauffolgenden Jahren Preise erhielten. Ordnet man die physikalischen Nobelpreise den entsprechenden physikalischen Teildisziplinen zu, so entfällt die überwiegende Mehrheit (etwa 2/3 bis 3/4) auf Atom-, Kern- und Elementarteilchenphysik, also die Grundlagengebiete der modernen Physik, die zu erforschen suchen, „was die Welt im Innersten zusammenhält". Nur wenige Preise wurden für Entdekkungen oder Erfindungen vergeben, die eine direkte technische Nutzung erkennen ließen (z. B. G. Marconi/C. F. Braun 1909 für ihre Beiträge zur drahtlosen Telegrafie oder W. Shockley/J. Bardeen/W. Brattain 1956 für die Entdeckung des Transistoreffekts).

Der *Chemiepreis* wurde bis 1984 76mal an insgesamt 101 Personen vergeben. Es ist das Gebiet, auf dem Nobel als Chemieingenieur sozusagen selbst zu Hause war. Der erste Preisträger war 1901 Jacobus Henricus van't Hoff für die Entdeckung der Gesetze der chemischen Dynamik und des osmotischen Druckes. Zum Ende des 19. Jahrhunderts verstärkte sich in der Chemie der Trend zur theoretischen Erklärung chemischer Reaktionen und zur Anwendung präziser physikalischer Meßverfahren, und bereits die erste Verleihung war Ausdruck dieser Entwicklung. Werden in der Chemie ebenfalls vorwiegend Grundlagenarbeiten ausgezeichnet, so kann man mit einer gewissen Berechtigung feststellen, daß die Palette der ausgezeichneten Arbeiten vielleicht noch breiter ist als in der Physik. Sie reicht von der Atomchemie/Atomphysik (so erhielt z. B. Otto Hahn für die Entdeckung der Kernspaltung den Chemiepreis für 1944) bis zur Bio- und Agrochemie (z. B. E. Buchner 1907 oder A. I. Virtanen 1945). Technische Anwendungen sind etwas stärker berücksichtigt als in der Physik (z. B. A. v. Baeyer 1905, O. Wallach 1910, C. Bosch/F. Bergius 1931).

Der Preis für *Physiologie und Medizin* wurde bis 1984 75mal an insgesamt 139 Personen vergeben. Hier ist zunächst als auffällig zu vermerken, daß zwei Wissenschaftsgebiete gekoppelt wurden, wobei die Physiologie mit Einschränkungen als Teilgebiet der Medizin betrachtet werden kann.[1] Die Erklärung liegt darin, daß Nobel an der experimentellen Physiologie selbst ein großes Interesse hatte. Außerdem schien gegen Ende des 19. Jahrhunderts die Physiologie sich zur experimentellen und theoretischen Basis der Medizin zu entwickeln. Den ersten Preis erhielt 1901 Emil von Behring für seine Serumtherapie, speziell gegen Diphtherie.

Da es vor allem um grundlegende Entdeckungen in den genannten Wissenschaftsdisziplinen geht, so ergeben sich infolge der objektiven Wissenschaftsentwicklung durchaus Überschneidungen, die dem Nobelpreis-Komitee die Entscheidung noch zusätzlich dadurch erschweren, daß die Zuordnung nicht ganz eindeutig ist. So hätten Rutherford oder Hahn (fast) mit gleichem Recht den Physikpreis an Stelle des Chemiepreises bekommen können. Mehrfach haben Nichtmediziner (Zoologen, Biologen, Physiker, Chemiker) den Medizinpreis erhalten für bahnbrechende Beiträge zu den theoretischen Grundlagen der Medizin. Im Jahre 1979 wurde der Medizinpreis sogar an einen Physiker und einen Elektrotechniker für eine medizintechnische Entwicklung verliehen (Computertomograph). Andererseits wurde der Chemiepreis mehrfach für Entdeckungen vergeben, die vor allem auf medizinischem Gebiet Bedeutung erlangten (z. B. F. Pregl 1923, J. B. Sumner 1946, F. Sanger 1958).

Der *Literaturpreis* wurde bis 1984 77mal vergeben und dabei viermal geteilt. Lassen sich auf naturwissenschaftlichem Gebiet herausragende preiswürdige Leistungen noch relativ objektiv bestimmen, so ist dies auf dem Gebiet der Literatur schon wesentlich schwieriger. Hinzu kommt die Bestimmung Nobels, Arbeiten „in idealistischer Richtung“ auszuzeichnen. Nobel glaubte stets mit Optimismus an eine glückliche Zukunft der Menschheit. Soll seine Bestimmung in diesem allgemein-weltanschaulichen Sinne verstan-

[1] Genauer ist die Physiologie eine biologische Teildisziplin, die sich mit der Funktion lebender Strukturen befaßt. – Im Zusammenhang mit den Nobelpreisen werden unter „Physiologie und Medizin“ die medizinischen Wissenschaften im weiteren Sinne verstanden, aber beispielsweise pflanzenphysiologische Arbeiten ausgeschlossen.

den werden oder enger im philosophisch-ideologischen Sinne? Das Preiskomitee scheint wohl mehr zu letzterem zu tendieren. Wie sonst wäre zu erklären, daß progressive bürgerliche Schriftsteller und Dichter nur mäßig unter den Laureaten vertreten sind und die bedeutenden Schriftsteller der sozialistischen Welt – sehen wir von Michael Scholochow (Nobelpreis 1965) ab – völlig fehlen?[1] Dafür sind auffällig viele Namen vertreten, die heute keine literarische Bedeutung mehr haben.

Auch bei der Berücksichtigung von literarischen „Neuerungsversuchen" in Sprache oder Form gibt sich das Nobel-Komitee eher konservativ. Der Orientalist Esaias Tegnér, damals Direktor des Nobel-Instituts der Schwedischen Akademie, sagte 1900: „Die Schwedische Akademie hegt nicht die Illusion, daß sie jemals in der Lage sein wird, einen Preis so zuzuerkennen, daß sie jeglicher Kritik entgehen kann." (Zit. nach [33, S. 84]) Doch auch unter Berücksichtigung dieses durchaus verständlichen Eingeständnisses kann dem Nobel-Komitee nicht der Vorwurf erspart bleiben, es stelle ein „politisch buntscheckiges Gremium" vor, dessen „fortschrittliche Kräfte und demokratisch wagemutige Elemente nur allzu oft von Trägern des Ewiggestrigen, von Muckern und Konservativen majorisiert werden." [52, S. 1509] Aus solchen Überlegungen heraus lehnte beispielsweise der französische Philosoph und Schriftsteller Jean-Paul Sartre 1964 die Annahme des Preises ab und schrieb in seiner Begründung u. a.:

> Der Nobelpreis erweist sich in der gegenwärtigen Situation objektiv gesehen als eine Auszeichnung, die für Schriftsteller des westlichen Lagers oder für die Rebellen aus dem östlichen Lager reserviert ist. (Zit. nach [68, S. 47])

Noch eklatanter tritt dieses Problem beim *Friedenspreis* zutage – hier wurde auch am häufigsten auf eine Vergabe verzichtet: nur 64mal wurde er bis 1984 zugesprochen. Wie soll man die Auszeichnung beispielsweise des extrem konservativen britischen Politikers Sir Austen Joseph Chamberlain (Nobelpreis 1925) oder des offen zum Krieg treibenden israelischen Politikers Menahem Begin (No-

---

[1] Boris Leonidovič Pasternak erhielt den Nobelpreis 1958 (er lehnte die Annahme ab) für seinen künstlerisch schwächeren, aber antirevolutionär auslegbaren Roman „Doktor Schiwago"; bei Alexander Solschenizin (Nobelpreis 1970) weiß wohl niemand, worin seine literarisch-künstlerische Leistung besteht. – 1984 erhielt der ČSSR-Lyriker Jaroslav Seifert den Literaturpreis.

belpreis 1978)[1] werten? Dagegen wurden solche weltweiten Aktivitäten, wie sie vom Weltfriedensrat ausgehen oder wie sie die historische Konferenz für Sicherheit und Zusammenarbeit in Europa von 1975 in Helsinki darstellte (um nur einige jüngere Beispiele zu nennen), völlig ignoriert.

Es ließe sich einwenden, daß bereits Nobels eigene Friedensideen etwas verworren und in ihrer Realisierbarkeit unrealistisch waren, aber Nobel war zumindest ein überzeugter Verfechter der Friedensidee und unterstützte andere ehrliche Bemühungen. Müßte das Nobel-Komitee nicht angesichts der heutigen Gefahren für den Weltfrieden umso verantwortungsbewußter gerade die progressiven Friedensbewegungen unterstützen? Stattdessen weicht es der Entscheidung des öfteren dadurch aus, daß es Hilfsorganisationen wie das Internationale Rote Kreuz oder caritative Bestrebungen wie die der Mutter Theresa in Indien (Nobelpreis 1979) auszeichnet, womit keinesfalls etwas gegen diese humanistischen Ziele und förderungswürdigen Aktivitäten solcher Personen oder Organisationen gesagt werden soll.

Im Grunde ist der Friedenspreis umstritten, solange es ihn gibt, weil eben in einer antagonistischen Klassengesellschaft dauernder Friede den Interessen des herrschenden Kapitals widerspricht, und dies spiegelt sich im Nobel-Komitee, das aus Mitgliedern des Storting – also eines politischen Gremiums – gebildet wird, wider. Da muß selbst von offizieller Seite vorsichtig eingeschätzt werden: „So kann man kaum von einem definiten fundamentalen Standpunkt sprechen, höchstens bürgerlich-liberal." [33, S. 530] Auf Grund dieser Tatsachen können wir nur die Feststellung treffen: „Der Weltfriede ist unteilbar; der Friedensnobelpreis hingegen erweist sich als gespalten, als zwiespältig."[52, S. 1545]

Eingedenk solcher berechtigten Vorwürfe sprechen auch bürgerliche Autoren einen wirklichen Wertmaßstab nur den wissenschaftlichen Nobelpreisen zu, bei allen Einschränkungen, die hier eben-

---

[1] Die Verleihung des Friedensnobelpreises 1978 an den ägyptischen Präsidenten Sadat und den israelischen Ministerpräsidenten Begin für ihr das palästinensische Volk verratendes Separatabkommen von Camp David löste eine internationale Protestwelle aus, die das damalige Nobel-Komitee des norwegischen Storting zum Rücktritt zwang. Die israelische Aggression 1982 im Libanon ließ die berechtigte Frage nach einer Aberkennung des Nobelpreises für Begin aufkommen.

falls zu machen sind. Und obgleich Nobel mit der Auswahl der preiswürdigen Gebiete ja bestimmte Intentionen verfolgte, so erweist es sich unter dem Gesichtspunkt der weiteren Entwicklung von Wissenschaft und Gesellschaft und den Schwerpunktverschiebungen in der gesellschaftlichen Praxis sowie des Bestrebens, den Nobelpreis auch weiterhin lebendig zu erhalten, immer mehr als einschneidende Einschränkung, nur diese drei Wissenschaftsgebiete (einschließlich ihrer Randgebiete) würdigen zu können.
Im Jahre 1968 hat deshalb die Schwedische Reichsbank anläßlich ihres 300jährigen Bestehens den *„Alfred-Nobel-Gedächtnispreis für Wirtschaftswissenschaften“* (im allgemeinen Sprachgebrauch ebenfalls als Nobelpreis bezeichnet) gestiftet. Als zuerkennende Institution wurde die Schwedische Königliche Akademie der Wissenschaften benannt, seit 1969 wird der Preis vergeben. Damit ist erstmals eine Gesellschaftswissenschaft berücksichtigt. Die ideologischen Probleme liegen auf der Hand.[1]
Der Schwedische Industrielle Holger Crafoord stiftete im Jahre 1980 einen Betrag von umgerechnet £ 500000, der sich noch beträchtlich erhöhen soll. Die Schwedische Akademie der Wissenschaften soll damit in die Lage versetzt werden, weitere wissenschaftliche Preise zu vergeben; im Gespräch sind Geowissenschaften, Biowissenschaften (einschließlich Ökologie) und Mathematik (einschließlich Astronomie).
Es wird darauf ankommen, ein optimales Verhältnis zwischen der Anpassung der bestehenden Nobelpreise an die Erfordernisse der modernen Wissenschaft und der Schaffung neuer „Nobelpreise“ zu finden, denn eine „Preislawine“ ist sicher nicht im Sinne des Erfinders. Andererseits sind konstruktive Überlegungen zur Erweiterung der zu berücksichtigenden Gebiete und zur Objektivierung der Entscheidungsfindung nur zu begrüßen, denn bei aller berechtigten und unberechtigten Kritik gehört der Nobelpreis zu den attraktivsten internationalen Preisen und wird es vermutlich in der nächsten Zukunft auch bleiben.

---

[1] Kuczynski weist darauf hin, daß das Nobel-Komitee gut beraten war, den Preis für Wirtschaftswissenschaften und nicht für Politische Ökonomie zu vergeben [54, S. 1447]. Damit kann man methodische Fragen in den Vordergrund rücken, wie dies in der bisherigen Praxis im wesentlichen geschehen ist, und die ideologische Konfrontation etwas umgehen.

Zur Soziologie der Nobelpreise

Es kann nicht Aufgabe dieser kleinen Abhandlung sein, die Nobelpreise im einzelnen einzuschätzen. Da vergleichbare Aussagen – mit Einschränkungen – nur bei den wissenschaftlichen Nobelpreisen zu erzielen sind, wie die Ausführungen im vorigen Abschnitt verdeutlichen, beschränkt sich die weitere Darstellung auf diese. Auch eine Analyse der Widerspiegelung der Wissenschaftsentwicklung in den Nobelpreisen würde hier zu weit führen. Eine solche Widerspiegelung war allerdings von Nobel nicht explizit beabsichtigt. Er wünschte die Auszeichnung der jeweils bedeutendsten Entdeckung oder Erfindung ohne Rücksicht auf ihren Zusammenhang im Wissenschaftssystem, und seine Bestimmungen erlauben es andererseits nicht, alle hervorragenden Leistungen früher oder später mit einem Preis auszuzeichnen.[1] Dessenungeachtet ist festzustellen, daß die Wissenschaftsentwicklung recht gut durch die mit dem Nobelpreis ausgezeichneten Wissenschaftler und ihre Leistungen repräsentiert wird. Dies ist nicht zuletzt als eine Bestätigung der Arbeit dieser Nobel-Komitees zu werten. Betont werden muß an dieser Stelle jedoch, daß einzelne Leistungen und nicht ein Lebenswerk ausgezeichnet werden sollen; auch daraus ergeben sich gewisse Beschränkungen.

Nachfolgend wird lediglich an einigen wenigen Beispielen gezeigt, daß die Wissenschaftlergruppe „Nobelpreisträger" einige interessante Möglichkeiten bietet, wissenschaftswissenschaftliche Analysen durchzuführen, die zu Schlußfolgerungen für die Leitung von Wissenschaftsprozessen führen können.

Außerordentlich gering ist der Anteil von Frauen unter den Nobelpreisträgern. Nur 8mal wurden wissenschaftliche Nobelpreise an Frauen vergeben; das entspricht 2 %. Zählt man Literatur- und Friedenspreis hinzu, so steigt der Gesamtanteil nur unwesentlich

---

[1] Wenn sich die Nobel-Komitees daran auch nicht so streng halten und manche Leistung beispielsweise sehr spät auszeichnen, wie obige Ausführungen belegen (so daß man immer versucht ist zu fragen: warum gerade diese Leistung und nicht jene und zu diesem Zeitpunkt?), so liegt in der Befolgung dieser Bestimmungen doch eine der Ursachen, daß so mancher hervorragende Wissenschaftler, dem aus wissenschaftshistorischer Sicht ein bedeutender Platz einzuräumen ist, nicht zu einem Nobelpreis gekommen ist. Auf dem Gebiet der Physik sind solche „fehlenden" Nobelpreisträger beispielsweise Josiah Willard Gibbs oder Arnold Sommerfeld.

auf etwa 3,5 %. Sicher ist der Anteil von Frauen in der Wissenschaft und vor allem an der vordersten Forschungsfront bisher noch relativ gering, aber einige sind auch „unglücklich" am Nobelpreis „vorbeigegangen" (z. B. Lise Meitner oder Rosalind Franklin, vgl. [56, S. 606]).

Tafel 7: Anzahl der Preisträger pro Nobelpreis

Jahrzehnt	Physik			Chemie			Medizin		
	1	2	3	1	2	3	1	2	3
1901–1910	7	2	1	10	–	–	8	2	–
1911–1920	8	1	–	6	1	–	6	–	–
1921–1930	8	2	–	8	1	–	5	3	–
1931–1940	4	3	–	4	4	–	6	2	1
1941–1950	8	–	–	6	1	1	2	3	3
1951–1960	2	6	2	7	3	–	4	3	3
1961–1970	5	2	3	6	3	1	1	2	7
1971–1980	**1**	**3**	**6**	**5**	**3**	**2**	**1**	**3**	**6**
1981–1984	**1**	**2**	**1**	**3**	**1**	**–**	**1**	**–**	**3**
Summe	**44**	**21**	**13**	**55**	**17**	**4**	**34**	**18**	**23**

Für Wirtschaftswissenschaften ergibt sich bei 16 Verteilungen seit 1969: 1 Person 10×, 2 Personen 6×

Die zunehmende Vergesellschaftung der wissenschaftlichen Problemstellungen widerspiegelt in gewisser Weise eine Übersicht über die Verteilungsmodi der Nobelpreise (Tafel 7). Die Verleihung an mehrere Personen hat seit der Mitte unseres Jahrhunderts stark zugenommen. Das belegt einerseits die wachsende Kollektivität wissenschaftlicher Arbeit (z. B. 1956 W. Shockley/J. Bardeen/W. Brattain für die Entdeckung des Transistoreffekts, 1958 P. A. Čerenkov/I. M. Frank/I. J. Tamm für die Entdeckung und Erklärung des Čerenkov-Effektes, 1978 an A. A. Penzias und R. W. Wilson für die Entdeckung der 3-K-Hintergrundstrahlung), andererseits die Gleichzeitigkeit der Bearbeitung wissenschaftlich relevanter Probleme in verschiedenen Laboratorien der Welt (z. B. 1964 für die Grundlagen des Maser-Laser-Prinzips zur Hälfte an Ch. Townes, USA, zur Hälfte an N. G. Basov und A. M. Prochorov, UdSSR).

Auch hierbei gibt es Probleme und offene Fragen. Warum wurde beispielsweise der Chemiepreis 1944 für die Entdeckung der Atomkernspaltung nur an Hahn und nicht an das Forschungskollektiv Hahn/Meitner/Straßmann verliehen?[1] Andere Untersuchungen zeigen, daß größere Forschungsgruppen von inneren Spannungen und Zerfall belastet werden, wenn nur ein Mitglied eines solchen Teams ausgezeichnet wird (vgl. z. B. [66, S. 233]).

Aus der Berechnung der Zeiten, die zwischen der gewürdigten Entdeckung oder Erfindung und der Preisverleihung liegen, ergeben sich beispielsweise in der Physik durchschnittliche Zeitdifferenzen von 10 Jahren, wobei das Maximum bei 35 Jahren liegt. Widerspricht diese Feststellung auch völlig der Nobelschen Vorstellung, die Leistungen des jeweils vergangenen Jahres auszuzeichnen, so kann (auch unter Berücksichtigung weiterer Einflußfaktoren) doch konstatiert werden, daß ein längerer Zeitraum erforderlich ist, bis eine wissenschaftliche Leistung gesellschaftliche Anerkennung gefunden hat.[2] Allerdings gibt es auch „verspätete" Ehrungen, d. h. Auszeichnungen, die objektiv bereits früher hätten vorgenommen werden können (z. B. M. Born 1954, P. L. Kapiza 1978).

Diese Feststellungen sind ebenfalls bei der Analyse der Altersstruktur der Nobelpreisträger mit zu berücksichtigen. Das Durchschnittsalter der Laureaten liegt deutlich über 40 Jahre. Der Nobelpreis dient demnach kaum jüngeren mittellosen Wissenschaftlern zur Unterstützung ihrer Arbeit, wie dies Nobel wahrscheinlich mit vorgeschwebt hatte (explizit formuliert hat er es allerdings nicht). Es erhebt sich die Frage, wie produktiv diese Laureaten dann in ihrer Wissenschaft noch sein können (vgl. hierzu u. a. [56, 66]). Nur ganz wenige Wissenschaftler haben ihre gewürdigte Entdeckung erst gemacht, als sie bereits älter als 60 Jahre waren (z. B. O. Hahn 60 Jahre, A. C. Moniz 62 Jahre, R. G. Norrish 63 Jahre, V. Prelog 63 Jahre).

Die Analyse der Produktivität von Nobelpreisträgern gestattet

---

[1] Lise Meitner hatte kurz vor den entscheidenden Experimenten 1938 Deutschland „aus rassischen Gründen" verlassen müssen; nach Straßmann war sie aber die geistig Führende in diesem Kollektiv (vgl. [63, S. 23]).

[2] Als extremes Beispiel sei Dennis Gabor genannt, der 1971 den Nobelpreis für Physik für seine Beiträge zur Holographie zugesprochen bekam. Die theoretischen Grundlagen hatte Gabor bereits 1948 erarbeitet, aber erst mit der Erfindung des Lasers (1960) wurde die Holographie praktisch möglich (1964) und damit ihre Realisierbarkeit bewiesen.

interessante Rückschlüsse auf die schöpferischen Lebensphasen eines Wissenschaftlers (beachtet werden müssen bei solchen Verallgemeinerungen natürlich die individuellen Persönlichkeitsunterschiede). So liegt beispielsweise das Maximum der Produktivitätskurve bei Physikern deutlich früher (um 30 Jahre) als bei Chemikern und Medizinern (um 40 Jahre). Die Produktivitätskurve der Physiker weist dafür um das Alter von 42 Jahren ein zweites, etwas schwächeres Maximum auf. Fälle, daß ein Nobelpreisträger eine zweite mit einem Nobelpreis ausgezeichnete Leistung hervorgebracht hat, sind äußerst selten (z. B. Marie Skłodowska-Curie 1903 und 1911, John Bardeen 1956 und 1972), was aber noch nicht bedeutet, daß sie nicht weitere als ebenso bedeutsam einzuschätzende Leistungen vollbracht hätten. Allerdings ist zu beachten, daß auch einem Nobelpreisträger in seiner normalen Forschungsarbeit nicht laufend etwas entscheidend Neues einfällt. Werner Forßmann (Medizinpreis 1956) drückte das sehr drastisch aus:

> Man kann an uns Nobelpreisträger ja nicht die gleichen Anforderungen stellen wie an Karnickelböcke, die mehrmals im Jahr verpflichtet sind, große Würfe in die Welt zu setzen. [43, S. 49]

Ebenfalls interessant ist eine Untersuchung der wissenschaftlichen Herkunft der Nobelpreisträger, d. h., wer waren die beeinflussenden Hochschullehrer, zu welcher wissenschaftlichen Schule gehörten sie usw.? Abb. 18 zeigt am Beispiel der Physikpreisträger, daß 67 % der Laureaten wiederum einen Nobelpreisträger als Lehrer hatten. Das bedeutet u. a., daß es die Nobelpreisträger verstanden haben, ihre Schüler an die vorderste Front der Forschung zu führen, indem sie deren Aufmerksamkeit auf herangereifte wesentliche Probleme lenkten [40, S. 139] und ihnen einen rationellen Denk- und Arbeitsstil vermittelten. Eine solche fruchtbare Lehrer-

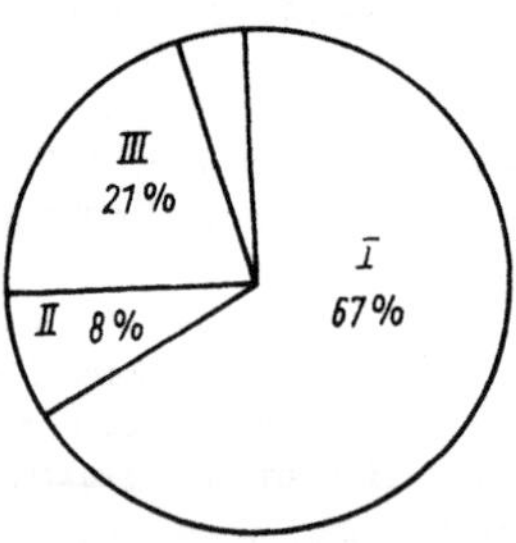

18 Zur wissenschaftlichen Herkunft der Nobelpreisträger für Physik.
I – Physik-Nobelpreisträger, die selbst einen Nobelpreisträger als Lehrer hatten; II – von anderen namhaften Wissenschaftlern ausgebildete Preisträger; III – Preisträger ohne berühmten Lehrer [40, S. 138]

Schüler-Konstellation läßt sich häufig über mehrere Generationen verfolgen. So zeigt beispielsweise eine Analyse der Schule des Chemikers Justus v. Liebig und seiner Nachfolger, daß aus ihr in 5 Generationen weit über 30 Nobelpreisträger hervorgingen [58]. Der erste Chemie-Nobelpreisträger van't Hoff war Schüler des Liebig-Schülers Kekulé. Als weiterer Schüler aus dieser Linie erhielt v. Baeyer den Chemiepreis; er hat selbst wieder 4 Nobelpreisträger „direkt" hervorgebracht usw.

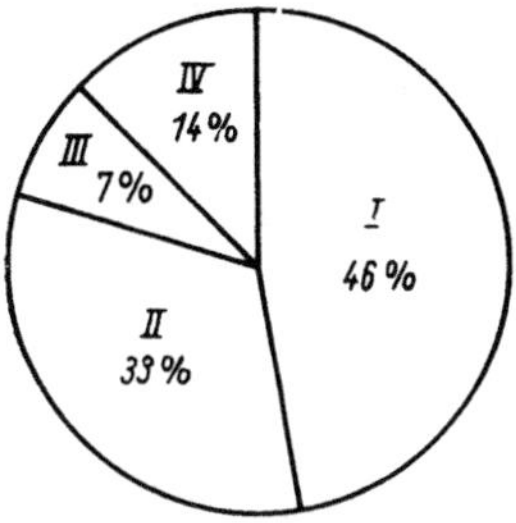

19 Verteilung der Physik-Nobelpreise nach den Hauptgruppen physikalischer Forschung (entsprechend dem überwiegenden Charakter der ausgezeichneten Leistung).
I – Theoretische Physik; II – Experimentalphysik; III – Angewandte Physik; IV – „Erfinder" [40, S. 140]

Eine Grobanalyse der physikalischen Bereiche, zu denen mit dem Physikpreis ausgezeichnete Leistungen vornehmlich zuzuordnen sind, zeigt Abb. 19. Es ist festzustellen, daß fast die Hälfte der Preise theoretischen Physikern zuerkannt, d. h. für das Erkennen grundlegender theoretischer Zusammenhänge vergeben wurde.
Diese knappe Diskussion, die vorzugsweise auf der Grundlage der Physikpreise vorgenommen wurde, möge ausreichen, um die vielfältigen, wissenschaftlich interessanten Fragestellungen zu verdeutlichen, die in diesem Zusammenhang einer intensiveren Untersuchung harren. Sie können Aussagen liefern, die für die Formulierung einer wissenschaftspolitischen Strategie von Bedeutung sind, und sie lassen auch die Nobelpreise und ihre Träger in einem etwas anderen Licht erscheinen.

Nobelpreisträger-Treffen und Nobel-Symposien

Soziologische Analysen zeigen, daß Nobelpreisträger nach ihrer Auszeichnung in der Regel eine geachtetere gesellschaftliche Stellung einnehmen als vorher. Viele sind nach dem Empfang des Nobelpreises sogar erst Mitglied ihrer nationalen Wissenschaftsakademien geworden. Man schätzt sie als Experten ihres Gebietes, erwartet außerdem meist von ihnen wissenschaftliche Aussagen von größerer Allgemeingültigkeit, ebenso gesellschaftspolitische Stellungnahmen bis hin auch zu gesellschaftlichen Repräsentationsverpflichtungen. Dies ist sicher ein legitimer Anspruch, es sollte aber darauf geachtet werden, daß solche Anforderungen im Bereich des Realen bleiben. Nobelpreisträger sind für Fragen außerhalb ihres Fachgebietes in den meisten Fällen ebenso kompetent bzw. inkompetent wie jeder andere gebildete „Durchschnittsbürger".

Es widerspräche dem Sinn des Nobelpreises, wollte man in den Nobelpreisträgern irgendwelche weisen Ratgeber der Menschheit sehen. Der Preis wird ausdrücklich für Einzelleistungen auf Spezialgebieten vergeben. Natürlich hat der Nobelpreis über das eigentliche Fachgebiet hinaus Gewicht, und dieses kann und soll von den Preisträgern in ihrem gesellschaftlichen Engagement auch genutzt werden. Aus Nobelpreisträgern aber zugkräftige Reklamefiguren zu machen, wie dies in der westlichen Welt häufig geschieht, ist letztendlich ein Mißbrauch wissenschaftlicher Leistung und Anerkennung. So beklagt beispielsweise André Lwoff (Medizinpreis 1965):

Wir sind praktisch von Null in die Lage von Filmstars versetzt worden. Wir sind sozusagen einem Gottesurteil unterworfen worden. Wir sind diese Art öffentlichen Lebens nicht gewohnt, das es uns unmöglich gemacht hat, in unserer Arbeit fortzufahren. ... Unsere Leben sind völlig umgekrempelt worden. (Zit. nach [67, S. 424])

Hier sollen jedoch noch zwei insgesamt positive Beispiele Erwähnung finden, Nobelpreisträger einem breiteren Publikum „zu präsentieren". Das eine sind die Nobelpreisträger-Tagungen in Lindau am Bodensee. Sie finden dort seit 1951 auf Initiative einiger Lindauer Mediziner und mit Unterstützung des schwedischen Grafen Lennart Bernadotte statt. Anliegen dieser Zusammenkünfte ist nicht, eine spezialwissenschaftliche Konferenz zu veranstalten, sondern insbesondere den Gedankenaustausch untereinander und mit dem wissenschaftlichen Nachwuchs zu fördern.

Forßmann schrieb zu den Zielen des „Familientreffens der Nobelpreisträger":

Hier sollten die jungen Leute sich davon überzeugen können, daß die Preisträger keine Wesen sind, die hoch über den Wolken thronen, sondern Menschen mit Liebenswürdigkeiten und Schwächen wie jeder andere auch. Ihre Vorträge sollten zeigen, was sie arbeiten, wie sie arbeiten, möglicherweise, wie sie zu ihren Ideen gekommen sind. Von manchem wurde nicht nur über Wege, sondern auch über Umwege ihrer Forschung berichtet. [43, S. 48 f.]

Diese Tagungen finden abwechselnd zu den drei mit dem Nobelpreis ausgezeichneten Wissenschaftsgebieten statt. Nahmen an dem ersten Treffen 6 Nobelpreisträger teil, so waren 1979 24 Preisträger anwesend. Daß diese Zusammenkünfte in der schönen Bodenseeumgebung nicht „fernab von der Welt“ stattfinden, wird beispielsweise durch die berühmte „Mainauer Erklärung“ von 1955 belegt[1], in der die Teilnehmer des damaligen Treffens ihren entschiedenen Friedenswillen zum Ausdruck brachten.
In diesem Zusammenhang betonte Otto Hahn:

Das Lindauer Familientreffen ist der einzige Konnex des Alters und der Jugend ohne akademische Feiern, ja ohne Feierlichkeit. ... Wir Nobelpreisträger müssen dafür sorgen, daß der Fortschritt nicht zum Rückschritt wird. Es ist eine Pflicht, eine Sendung und kann niemals vom Katheder aus erfolgen. (Zit. nach [39, S. 14])

Zu einer ständigen Einrichtung sind seit 1965 auch die sogenannten Nobel-Symposien geworden. Sie werden von der Nobel-Stiftung veranstaltet bzw. gefördert. Im Gegensatz zum Lindauer Treffen tragen diese Symposien rein wissenschaftlichen Charakter und haben zum Ziel, jeweils die aktuellen Forschungsprobleme eines ausgewählten wissenschaftlichen Spezialgebietes (unabhängig davon, ob es für dieses Gebiet Nobelpreise gibt) mit den führenden Fachleuten dieses Gebietes zu diskutieren. Deshalb wird nur ein relativ kleiner Kreis von eingeladenen Teilnehmern angestrebt. Mit dieser Aktivität versuchen die Nobel-Institutionen sozusagen nicht nur durch Preisverleihung dem Fortschritt der Wissenschaft zu dienen.
Bezuggenommen sei hier nur auf das Nobel-Symposium von 1981, das in Björkborn (Schweden) zum Thema „Wissenschaft, Technik und Gesellschaft zur Zeit von Alfred Nobel“ stattfand. Hier wurden unter anderem einige interessante Arbeiten vorgelegt, die den Entscheidungsprozeß bei der Nominierung der Laureaten zu durchleuchten versuchen. Dies war möglich geworden, nachdem ein Teil der diesbezüglichen Archivmaterialien jetzt zugänglich gemacht wurde. Damit sind auch der Forschung über Nobel und seine Preise neue Möglichkeiten eröffnet [69].

[1] Graf Bernadotte gibt zum Abschluß stets einen Empfang in seinem Schloß auf der Bodenseeinsel Mainau.

Chronologie

1801 Immanuel Nobel d. J. (der Vater Alfred Nobels) am 24. März in Gävle geboren.

1808/09 Russisch-Schwedischer Krieg.

1810 Marschall Bernadotte besteigt den schwedischen Thron (von 1818 bis 1844 als König Karl XIV. Johan).

1814 Im Ergebnis des Friedens von Kiel bildet Schweden mit Norwegen eine Staatsunion (bis 1905).

1827 Hochzeit Immanuel Nobels mit Caroline Andriette Ahlsell.

1833 Alfred Nobel am 21. Oktober als drittes Kind der Familie Nobel in Stockholm geboren.

1837 Flucht Immanuel Nobels nach Finnland.
Erste Eisenbahn in Rußland.

1840 Immanuel Nobel läßt sich in Petersburg nieder.

1842 Immanuel Nobel gründet in Petersburg die mechanische Fabrik „Ogarev & Nobel".
Die Familie Nobel folgt dem Vater nach Petersburg.

1846 Ascanio Sobrero in Turin entdeckt das Nitroglycerin.

1850/52 Alfred Nobel wird auf „Bildungsreise" nach Nordamerika und Westeuropa (u. a. Paris) geschickt.

1853/56 Krimkrieg; die Firma Nobel erhält Großaufträge für kriegstechnische Geräte.

1855 Die Nobels lernen bei N. N. Zinin Nitroglycerin kennen.

1857 Alfred Nobels erstes Patent für ein Gasmeßgerät.

1858 Bankrott der Nobelschen Firma in Petersburg.

1859 Die Eltern und der jüngste Sohn kehren nach Stockholm zurück.
Ludwig Nobel baut aus der Konkursmasse bei Petersburg eine Werkzeug- und Gewehrfabrik auf, in der anfangs auch Robert und Alfred Nobel beschäftigt sind.

1861 Aufhebung der Leibeigenschaft in Rußland.

1862 Alfred Nobel führt Sprengversuche mit einer Mischung aus Schießpulver und Nitroglycerin durch.

1863 Alfred Nobel setzt seine Versuche beim Vater in Stockholm fort; erstes Patent hierzu.

1864 Am 3. September wird das Labor auf Heleneborg durch Explosion zerstört, dabei Tod des Bruders Oscar-Emil.
Im November wird die „Nitroglycerin Aktiebolaget" in Stockholm gegründet.

1865 Gründung der Nitroglycerin-Fabrik in Krümmel; weitere Gründungen in verschiedenen Ländern folgen in kurzer Zeit.

1866 USA-Reise Alfred Nobels, um dort seine Patentansprüche durchzusetzen und Fabrikgründungen vorzunehmen.
1867 Patente auf die Erfindung des Dynamits.
1868 Letterstedt-Preis der Kgl. Schwedischen Akademie der Wissenschaften für Alfred und Immanuel Nobel.
1870 Gründung der amerikanischen Firma „Atlantic Giant Powder Co.", an der Nobel nur noch geringen Anteil hatte.
1870/71 Deutsch-Französischer Krieg.
1871 Gründung des Werkes in Ardeer (Schottland).
1872 Immanuel Nobel stirbt am 3. September in Stockholm.
Robert und später Ludwig Nobel steigen in das russische Erdölgeschäft in Baku ein.
1873 Alfred Nobel wählt Paris als Wohnort.
1875 Erfindung der Sprenggelatine.
Bekanntschaft mit Bertha Kinsky, spätere Baronin v. Suttner.
1876 Beginn der Beziehungen zu Sofie Hess.
1879 Gründung der „Naphta-Produktionsgesellschaft Gebrüder Nobel" („Branobel") unter Beteiligung von Alfred Nobel.
1886 Zusammenfassung der Dynamitgesellschaften zu „The Nobel Dynamite Trust Co. Ltd." London und „Sociéte Centrale de Dynamite" Paris.
1887 Erfindung des Ballistits oder Nobelpulvers.
1889 Bertha v. Suttners Roman „Die Waffen nieder" erscheint.
Tod der Mutter am 7. Dezember in Stockholm.
1890 Panama-Skandal.
1891 Übersiedelung Alfred Nobels nach San Remo.
1892/95 Cordit-Prozeß in Großbritannien.
1893 Ehrendoktorwürde der Universität Uppsala.
1894 Erwerb der schwedischen Waffenfabrik in Bofors.
1895 Am 27. November erstellt Alfred Nobel sein Testament, in dem die Stiftung der Nobelpreise verankert ist.
1896 Alfred Nobel stirbt am 10. Dezember in San Remo.
1900 Am 19. Juni beschließt die schwedische Regierung die Errichtung der Nobel-Stiftung.
1901 Die Nobelpreise werden erstmals verliehen.

Literatur (Auswahl)

Als grundlegende Werke gelten die beiden von der Nobel-Foundation autorisierten Biographien von Schück/Sohlmann [25] und Bergengren [3]. Bei widersprüchlichen Angaben verschiedener Quellen wird in der vorliegenden Arbeit in der Regel den Auslegungen in diesen beiden Werken gefolgt. Sind Zitate aus Aufzeichnungen und Notizen von Alfred Nobel im Text nicht weiter gekennzeichnet, so wurden sie aus einem dieser beiden Werke entnommen, die in ihrem Kontext zugleich die umfangreichsten Veröffentlichungen von Archivmaterialien der Nobel-Foundation enthalten.
Neben den jährlich von der Nobel-Foundation herausgegebenen Laudationi mit biographischen Anmerkungen zu den Laureaten und den Nobelvorlesungen („Les Prix Nobel") gab die Elsevier Publishing Company (Amsterdam) im Auftrage der Nobel-Foundation zwischen 1964 und 1972 mehrere zusammenfassende Bände mit allen Nobelvorlesungen heraus („Nobel Lectures Physics" usw.). Der zweijährlich erscheinende Nobel Foundation Calendar gibt einen Überblick über sämtliche Nobelinstitutionen und die bisherigen Preisträger.
Hingewiesen sei auch auf den im Verlag der Nation (Berlin) in mehrfacher Auflage erschienenen Roman „Nobel – Lebensroman eines Erfinders" von Alfred Amenda, der auf der Grundlage von Schück/Sohlmann eine sehr fundierte, fesselnd geschriebene Lebensbeschreibung gibt.

[1] Averbuch, A. J.: Vasilij Fomič Petruševskij. Moskva/Leningrad 1963.
[2] Averbuch, A.: K 100-letiju izobretenija dinamita. Žurnal prikladnoj chimii (Moskva) 39 (1966) 12, S. 2613–2615.
[3] Bergengren, E.: Alfred Nobel. München 1965.
[4] Berthmann, A.: Explosivstoffe. München 1960.
[5] Cleve, P.-T.: Alfred Nobel – Sa vie et ses travaux; Les Prix Nobel en 1901. Stockholm 1904.
[6] D'jakonova, I. A.: Za kulisami nobelevskoj monopolii. Voprosy istorii (Moskva) 1975, 9, S. 127–141.
[7] D'jakonova, I. A.: Nobelevskaja korporacija v Rossii. Moskva 1980.
[8] Euler, U. S. v.: Alfred Nobel und die Nobelstiftung. Naturwissenschaftliche Rundschau (Stuttgart) 25 (1972) 12, S. 459–462.
[9] Evlanoff, E.; Fluor, M.: Alfred Nobel – The Loneliest Millionaire. Los Angeles 1969.
[10] Gelder, A. P. v.; Schlatter, H.: History of the Explosives Industry in America. New York 1927.
[11] Gorst, A. G.: Pulver und Sprengstoffe. Berlin 1977.
[12] Guttman, O.: Zwanzig Jahre Fortschritte in Explosivstoffen. Vier Vorträge gehalten in der Royal Society of Arts in London 1908. Berlin 1909.

[13] Halasz, N.: Nobel. New York 1959.
[14] Hennig, R.: Alfred Nobel, der Erfinder des Dynamits und Gründer der Nobelstiftung. Technische Monatshefte, Buchbeigabe 1, Stuttgart 1912.
[15] Henrikson, F.: The Nobelprizes and their founder Alfred Nobel. Stockholm 1938.
[16] van't Hoff, J. H.: Die Nobel-Stiftung. Deutsche Revue (Stuttgart/Leipzig) 27 (1902, April) S. 80–86.
[17] Jorpes, J. E.: Alfred Nobel – Werden und Wirken. Medizinische Welt (Stuttgart) (1965) 50, S. 2759–2770.
[18] Lenin, W. I.: Der Imperialismus als höchstes Stadium des Kapitalismus. In: Werke Bd. 22, Berlin 1971.
[19] Meier, E.: Alfred Nobel – Nobelstiftung – Nobelpreise. Berlin/W. 1954.
[20] Mendeleev, D. I.: Gde stroit' neftjanye zavody? (1881). In: ders., Problemy ėkonomičeskogo razvitija Rossii (Sammelband), Moskva 1960.
[21] Mosenthal, H. de: Die Thätigkeit Alfred Nobel's. Zeitschrift für angewandte Chemie (Berlin) 1899, 32, S. 753–757; 1899, 33, S. 782–787.
[22] Muthesius, V.: Zur Geschichte der Sprengstoffe und des Pulvers. Berlin 1941.
[23] Nauckhoff, S.; Bergström, O.: Nitroglycerin och dynamit. Stockholm 1959.
[24] Ramel, Stig: Alfred Nobel und die Nobel-Stiftung. Europäische Hefte Nr. 3 (Sonderabdruck), Hamburg o. J.
[25] Schück, H.; Sohlmann, R.: Alfred Nobel. 2. erw. Aufl. Leipzig 1933.
[26] Siemens, W. v.: Lebenserinnerungen. Berlin 1916.
[27] Stollreiter, J.: Nobel – Frieden durch Dynamit. München 1952.
[28] Suttner, B. v.: Lebenserinnerungen. Berlin 1970.
[29] Tjerneld, S.: Nobel. Stockholm 1972.
[30] Tolf, R. W.: The Russian Rockefellers – The Saga of the Nobel Family and the Russian Oil Industry. Hoover Inst. Publications 158, Stanford 1976.
[31] Wallach, C.: Der Nobelpreis – Die Nobelstiftung – Das Leben und Wirken ihres Begründers Alfred Nobel. Berlin/W. 1950.
[32] Wolff, H.: Die Russische Naphta-Industrie und der Deutsche Petroleummarkt. Volkswirtschaftliche Abhandlungen der Badischen Hochschulen, hrsg. von C. J. Fuchs et al., Bd. 6, Heft 2. Tübingen/Leipzig 1902.
[33] Nobel – The Man and his Prizes. Ed. by the Nobel Foundation. 2. erw. Aufl. Amsterdam/London/New York 1962 (deutsche gekürzte Fassung, Stuttgart 1972).
[34] 100 Jahre Dynamit Nobel. Explosivstoffe (Mannheim) 13 (1965) 6, S. 165–166.

[35] Bagge, E.: Die Nobelpreisträger der Physik. Reihe Forum Imaginum Bd. 10. München 1964.
[36] Becker, J.: „Nobelpreisträger" für Ökonomie – eine Information. Die Fachschule (Berlin) 22 (1974) 7, S. 218–220.
[37] Bonin, W. v.: Die Nobelpreisträger der Chemie. Reihe Forum Imaginum Bd. 9. München 1964.
[38] Butenand, A.: Wie ist die traditionelle „Maikäfer-Rede" entstanden? Bericht von der 30. Nobelpreisträgertagung in Lindau. Naturwissenschaftliche Rundschau (Stuttgart) 33 (1980) 6, S. 233–235.
[39] Dées de Sterio, A.: Nobelpreisträger in Lindau. Solothurn 1963.
[40] Erck, A.; Riese, J.: Zum Persönlichkeitsprofil der Nobelpreisträger für Physik. Wissenschaftliche Zeitschrift der TH Ilmenau 26 (1980) 4, S. 129–148.
[41] Farber, E.: Nobel Prize Winners in Chemistry 1901–1961. The Life of Science Library 41. London/New York/Toronto 1963.
[42] Fleming, D.: Nobel's hits and errors. The Atlantic monthly (Boston) 218 (1966) 4, S. 53–59.
[43] Forßmann, W.: Zwanzig Jahre Nobelpreisträgertagungen in Lindau. Naturwissenschaftliche Rundschau (Stuttgart) 24 (1971) 2, S. 47–64.
[44] Frenkel, V.: Die Totzeit neuer Ideen. Bild der Wissenschaft (Stuttgart) 6 (1969) 11, S. 1066–1075.
[45] Gemper, B. B.: Statistische Interpretation des Nobelpreises (1901 bis 1969). Allgemeines Statistisches Archiv (München) 54 (1970) 3, S. 307–319.
[46] Gough, M.: Nobel Chairs are Privileged. Science 154 (1966, 21. Oct.) 338.
[47] Gray, G. W.: Which Scientists Win Nobel Prizes? In: The Sociology of Science, ed. by B. Barber, W. Hirsch. New York/London 1962, S. 557–565.
[48] Haas, W.: Die Nobelpreisträger der Literatur. Reihe Forum Imaginum Bd. 1. München 1962.
[49] Hartmann, H.: Die Physik-Nobelpreise als Spiegel der wissenschaftlichen Entwicklung im 20. Jahrhundert. Naturwissenschaftliche Rundschau (Stuttgart) 21 (1968) 6, S. 245–251.
[50] Hartmann, H.: Lexikon der Nobelpreisträger. Frankfurt (M.)/Berlin (W) 1967.
[51] Herrlinger, R.: Die Nobelpreisträger der Medizin. Reihe Forum Imaginum Bd. 8. München 1963.
[52] Huppert, H.: Wie nobel ist der Nobelpreis? Weltbühne (Berlin) 1974, S. 1508–1510 und 1542–1544.
[53] Inhaber, H.; Przednowek, K.: Quality of Research and the Nobel Prizes. Social Studies of Science (London) 6 (1976) S. 33–50.
[54] Kuczynski, J.: Nobelpreis für Wirtschaftswissenschaften. Weltbühne (Berlin) 1969, S. 1446–1448.
[55] Lepsius, R.: Der Nobelpreis, ein Bild der Wissenschaft. Bild der Wissenschaft (Stuttgart) 3 (1966) 12, S. 977–987.

[56] Ludwig, A.; Paetzold, G.; Schulze, D.: Analyse über Nobelpreisträger auf wissenschaftlichen Gebieten. Wissenschaftliche Zeitschrift der Humboldt-Universität zu Berlin, Ges.-Spr.-Reihe 26 (1977) 5, S. 601–612.
[57] Moulin, L.: The Nobel Prizes for the Sciences, 1901–1950. The British Journal of Sociology (London) 6 (1955) 3, S. 246–262.
[58] Sachtleben, R.: Nobel Prize Winners descended from Liebig. Journal of Chemical Education 35 (1958) 2, S. 73–75.
[59] Schejdin, L.: Zu den Nobelpreisen. Probleme des Friedens und des Sozialismus (Berlin) 19 (1976) 2, S. 253–256.
[60] Schimanski, F.: The decision-makers; new scientist (London) 64 (1974) 917, S. 10–13.
[61] Sourkes, Th. L.: Nobel Prize Winners in Medicine and Physiology 1901–1965. The Life of Science Library 45. London/New York/Toronto 1966.
[62] Speer, J.: Nobelpreise im Wandel der Zeiten. Umschau in Wissenschaft und Technik (Frankfurt/M) 77 (1977) 18, S. 591–598.
[63] Straßmann, F.: Kernspaltung – Berlin Dezember 1938. Privatdruck Mainz 1978.
[64] Vogt, H. H.: Nobelpreis – noch zeitgemäß? Münchener medizinische Wochenschrift 117 (1975) 44, S. 1779–1782.
[65] Zuckerman, H.: Nobel Laureates in Science: Patterns of Productivity, Collaboration, and Autorship. American Sociological Review 32 (1967) S. 391–403.
[66] Zuckerman, H.: Scientific Elite – Nobel Laureates in the United States. New York/London 1977.
[67] Zuckerman, H.: The Sociology of the Nobel Prize: Further Notes and Queries. American Scientist 66 (1978) 4, S. 420–425.
[68] Der Nobelpreis. Urania (Berlin) 28 (1965) 1, S. 46–49.
[69] Science, Technology and Society in the time of Alfred Nobel; Proceedings of a Nobel Symposium. Ed. by C. G. Bernhard, E. Crawford, P. Sörbom. Oxford/New York/Toronto 1982.
[70] Festschrift, hrsg. von der Aktiengesellschaft Dynamit Nobel Wien zu Ehren Alfred Nobels aus Anlaß der Erteilung der ersten Sprengstoffpatente vor 100 Jahren. Wien 1965.
[71] Nobelpreisträger-Rundschau – Arbeiten, Daten, Tagungen; Nobelpreisträger in Lindau 1951–1980. Hrsg. von R. Schmid und W. Wessinger, Stuttgart 1981 (enthält alle Vorträge, Berichte usw., die seit 1951 in der Zeitschrift „Naturwissenschaftliche Rundschau" von den Lindauer Treffen erschienen).
[72] Strandh, S.: Alfred Nobel – Mannen, Verket, Samtiden. Värnamo 1983.
[73] Sohlmann, R.: The Legacy of Alfred Nobel; The Story behind the Nobel Prices. London/Sydney/Toronto 1983.
[74] Vögtle, F.: Alfred Nobel, mit Selbstzeugnissen und Bilddokumenten (rororo-Bildmonographien). Reinbek bei Hamburg 1983.

Personenregister

Anmerkung: Die Schreibweise der russischen Namen ist im Text nicht ganz einheitlich. In der Regel wurde die moderne Bibliothekstranskription gewählt. Namen, die sich jedoch in einer deutschen Schreibweise eingebürgert haben, wurden in dieser verwendet.

Lieferbar in dieser Reihe:

Band	Autor und Titel	Preis	Bestell-Nr.
11	Kauffeldt: O. v. Guericke	5,60	665 663 8
15	Wußing: C. F. Gauß	4,70	665 700 8
16	Heinig: C. Schorlemmer	4,70	665 721 9
21	Astaschenkow: S. P. Koroljow	10,–	665 778 8
25	Wächtler/Mühlfriedel/Michel: E. Rammler	5,–	665 775 3
28	Zirnstein: W. Harvey	5,–	665 837 7
30	Rodnyj/Solowjew: W. Ostwald	18,50	665 774 5
31	Kaiser: J. A. Segner	4,50	665 840 6
34	Halameisär/Seibt: N. I. Lobatschewski	4,60	665 870 5
36	Tutzke: A. Grotjahn	4,60	665 882 8
43	Kosmodemjanski: K. E. Ziolkowski	10,50	665 930 2
44	Jaworski: L. Hirszfeld	4,80	665 995 1
45	Ilgauds: N. Wiener	4,80	665 983 9
46	Körber: A. Wegener	4,80	665 991 9
48	Zirnstein: Ch. Lyell	6,80	665 992 7
50	Tobies: F. Klein	6,80	666 026 6
51	Richter-Meinhold: H. Bessemer und S. G. Thomas	4,80	666 039 7
54	Ruff: E. du Bois-Reymond	6,80	666 037 0
55	Krüger: W. I. Wernadskij	6,80	666 033 8
56	Thiele: L. Euler	9,60	666 045 0
57	Herrmann: K. F. Zöllner	4,80	666 086 4
58	Cassebaum: C. W. Scheele	6,80	665 990 0
59	Sittauer: F. G. Keller	6,80	666 092 8
60	Jürß/Ehlers: Aristoteles	6,80	666 057 3
61	Engewald: G. Agricola	6,80	666 113 8
62	Dunsch: H. Davy	4,80	666 111 1
65	Ullmann: E. F. F. Chladni	4,80	6661437
66	Hoffmann: E. Schrödinger	4,80	6660805
71	Herneck: H. W. Vogel	6,80	6661939
72	Göbel: F. A. Kekulé	4,80	6661920
74	Remane: E. Fischer	4,80	6661947

GPSR Compliance

The European Union's (EU) General Product Safety Regulation (GPSR) is a set of rules that requires consumer products to be safe and our obligations to ensure this.

If you have any concerns about our products, you can contact us on ProductSafety@springernature.com

In case Publisher is established outside the EU, the EU authorized representative is:

Springer Nature Customer Service Center GmbH
Europaplatz 3
69115 Heidelberg, Germany

Batch number: 10577915

Printed by Printforce, the Netherlands